AF359591

EXPOSITION UNIVERSELLE DE 1867

A PARIS

RAPPORTS DU JURY INTERNATIONAL

PUBLIÉS SOUS LA DIRECTION

DE M. MICHEL CHEVALIER

CHEMINS DE FER

EXPOSÉ ÉCONOMIQUE

VOIE ET MATÉRIEL DE LA VOIE

PAR

MM. Eugène FLACHAT et DE GOLDSCHMIDT

PARIS

IMPRIMERIE ET LIBRAIRIE ADMINISTRATIVES DE PAUL DUPONT

45, RUE DE GRENELLE-SAINT-HONORÉ, 45

—

1867

CHEMINS DE FER

EXPOSÉ ÉCONOMIQUE

Par MM. Eugène FLACHAT et DE GOLDSCHMIDT.

CHAPITRE I.

PART DES CHEMINS DE FER DANS LA VIABILITÉ GÉNÉRALE DES CONTRÉES REPRÉSENTÉES A L'EXPOSITION UNIVERSELLE.

Viabilité de la France, — de l'Angleterre, — des États-Unis d'Amérique,
— des Indes anglaises, — de la Confédération de l'Allemagne du Nord,
— de l'Autriche, — de la Bavière, — du Wurtemberg, — de la Belgique, — de l'Espagne, — de la Russie, — de la Suède, — de la
Norwége, — de l'Italie, — de la Suisse.

La viabilité est maintenant considérée comme la plus immédiate des nécessités de l'industrie, et l'Exposition apporte
à cet égard, de toutes les contrées du globe, un témoignage
significatif de l'intérêt qui s'attache à cette grande question.

Les routes, les rivières, les canaux, les chemins de fer et la mer y sont représentés par les moteurs et par les véhicules servant au transport ; par les grands travaux d'art ; par les progrès de la métallurgie dans la fabrication des rails ; par les engins propres à charger et à décharger les fardeaux ; enfin, par une infinité de preuves matérielles d'une incessante recherche des moyens de transporter avec rapidité, confort et économie, les hommes et les choses. On peut dire que l'Exposition de 1867 ne laisse, en ce qui concerne le développement des chemins de fer, depuis 1862 jusqu'à 1867, qu'un embarras, celui d'être bref en essayant de l'esquisser, tant les circonstances qui expliquent ce développement sont variables.

L'établissement des chemins de fer ne peut être envisagé séparément des circonstances générales de la viabilité du territoire qu'ils fécondent, et il est intéressant, à cet égard, de faire ressortir la diversité des conditions dans lesquelles ils ont pris naissance.

Viabilité de la France. — La viabilité, qui est une des plus complètes et des plus également réparties, se résume aujourd'hui dans 518,000 kilomètres de chemins vicinaux, dont 250,000 restent encore à l'état de terrassement ou de sol naturel ; dans 86,628 kilomètres de routes départementales ou impériales ; dans 9,525 kilomètres de voies navigables à l'état d'entretien sur 14,000 qui sont flottables et navigables ; dans 15,750 kilomètres de chemins de fer exploités et 5,290 kilomètres en construction ou à entreprendre immédiatement. La France a une superficie de 543,041 kilomètres carrés et 68.8 habitants par kilomètre carré.

A ce réseau viennent s'ajouter : 1º les chemins de fer d'intérêt local en construction et récemment concédés, qui intéressent neuf départements et dont la longueur est de 651 kilomètres. Les subventions allouées aux concessionnaires s'élèvent à 16,752,852 francs. 24 départements ont voté, en principe, l'établissement de plusieurs chemins de fer ; 24 autres ont mis

— 5 —

des lignes à l'étude ; 2° les chemins industriels desservant des bassins houillers ou de grands centres métallurgiques. Ils sont au nombre de 31 et leur longueur est de 167 kilomètres ; 145 kilomètres sont en exploitation ; 21 de ces chemins unissent des usines aux grands réseaux des chemins de fer, 5 les relient à un canal, 3 à un chemin de fer et à un canal à la fois, enfin, 2 unissent un canal à un chemin de fer.

L'Exposé de la situation de l'Empire (novembre 1867) contient sur le réseau français de chemins de fer les paroles suivantes : « Le Gouvernement a déjà exprimé plusieurs fois l'intention de compléter le grand réseau des chemins de fer de l'Empire, en comblant les principales lacunes qu'il présente encore. On espère être prochainement en mesure de soumettre au Corps législatif des conventions qui assureraient l'exécution d'un certain nombre de lignes nouvelles. Quant à celles qui, malgré leur caractère d'utilité publique, ne seraient cependant pas comprises dans ces conventions, elles pourraient être l'objet d'un classement qui permettrait au Gouvernement d'en commencer l'exécution, en attendant qu'elles puissent devenir, à leur tour, l'objet de concessions régulières. »

Le coût kilométrique des chemins de fer français est :

Part des Compagnies	374,652 fr.
Part de l'État	68,638
Dépense totale par kilomètre	443,290 fr.

Le réseau entier de 21,040 kilomètres aura coûté :

Aux Compagnies	7,882,680,000 fr.
A l'État	1,446,000,000
Total	9,328,680,000 fr.

Les voies navigables ont coûté 700 millions à l'État ; les routes et chemins, estimés au coût actuel, représentent très-approximativement 2,750 millions de francs, dont un cinquième dépensé par l'État.

L'ensemble des dépenses d'établissement de la viabilité est donc au minimum, en France, de 12 milliards.

L'intérêt que le pays attache à compléter ses moyens de transport est attesté par une dépense annuelle de 200 millions environ, en travaux de construction et d'entretien des routes et des chemins vicinaux ; de 25 à 28 millions pour les voies navigables, et d'environ 420 millions pour les chemins de fer. De 1862 à 1867, inclusivement, 5,536 kilomètres ont été achevés en France : dépense annuelle de 340 millions pour une moyenne de 923 kilomètres, et au coût de 370,000 francs le kilomètre. Les dépenses complémentaires de l'ancien réseau élèvent cette somme annuelle à plus de 400 millions ; c'est la part des Compagnies. Le budget a la part la plus faible dans l'énorme emploi de capital que nécessitent l'achèvement et l'entretien de la viabilité du territoire ; les départements et les communes viennent avant lui, puis, et pour près des deux tiers, l'épargne privée appelée à l'établissement des chemins de fer par la garantie d'intérêt de l'État.

Quant aux transports maritimes, cette part si essentielle de la viabilité, elle est placée, en France, dans un état de souffrance permanent par l'insuffisance des ports. L'infériorité relative de nos transports maritimes ne peut être assez signalée. On oublie trop que le littoral français sur l'Océan et sur la Méditerranée a un développement de 2,360 kilomètres, et que cela vaudrait le plus navigable des fleuves, si les ports complétaient les moyens de navigation. L'effectif de la marine marchande est, en navires à voiles de plus de 100 tonneaux de jauge, de 2,119 ; il est de 385 navires à vapeur (1865). L'ensemble jauge 75,000 tonneaux.

Viabilité de l'Angleterre. — Les chemins de fer ont pris un développement d'autant plus considérable que les services qu'ils peuvent rendre sont mieux compris.

L'Angleterre, dont la superficie est de 313,128 kilomètres carrés, est, de tous les pays, le mieux doté par la nature quant aux moyens de communication, et celui qui a le plus fait pour la développer. Sa viabilité se résume dans les chiffres suivants :

Chemins vicinaux.........	160,900	kilomètres.
Routes.................	38,600	—
Fleuves et rivières navigables.	4,020	—
Canaux.................	4,500	—
Chemins de fer exploités....	21,370	—

Ces chemins de fer ont coûté 11,500 millions de francs, soit 538,000 francs par kilomètre.

12,150 kilomètres sont à double voie, 9,220 kilomètres à simple voie.

Depuis 1862, l'Angleterre a augmenté son réseau de chemins de fer de 3,885 kilomètres, soit 777 par an. C'est, au prix de 540,000 francs par kilomètre, une dépense annuelle de 420 millions.

Mais ces magnifiques éléments sont puissamment fécondés par la navigation côtière qui circule sur un littoral de 8,400 kilomètres de développement. Sur ce littoral s'ouvrent les ports les plus spacieux et les plus commodes, à l'entretien desquels le pays consacre une somme considérable. Les transports de port à port anglais y occupent 11,250 navires à voiles et 2,808 navires à vapeur. Ces derniers jaugent ensemble 1,270,240 tonneaux,

Ainsi l'Angleterre, dont la viabilité semblait complète avant la découverte des chemins de fer, en a encore sillonné son territoire. Elle y était plus sollicitée par la circulation des personnes et par les intérêts de l'industrie minérale et manufacturière que par ceux de la production agricole.

Il convient d'examiner l'influence des chemins de fer anglais sur les voies navigables et sur la navigation maritime de ce pays. Depuis l'établissement des chemins de fer, les voies navigables, toutes de trop faibles dimensions, ne jouent plus, malgré l'étendue du réseau (4,500 kilomètres) et la perfection de son tracé, qu'un très-faible rôle dans la viabilité générale. Là, comme ailleurs, les chemins de fer ont imposé une transformation aux autres moyens de transport. Le cabotage par mer a obéi aux besoins de vitesse et de régularité ; la vapeur y a remplacé la voile, ou plutôt celle-ci n'est qu'un auxiliaire de l'hélice ; sur les rivières, elle a, pour la même cause, remplacé le halage, et les canaux s'étant trouvés, par leurs trop faibles dimensions, impuissants à la recevoir, deviennent relativement insuffisants et inactifs.

En France, les chemins de fer avaient amené, comme une conséquence immédiate de l'économie qu'ils réalisaient dans les transports, non-seulement une réduction presque équivalente à la suppression des droits de navigation qui, sur les canaux et les rivières représentent le capital engagé, mais encore la prise à charge par le Gouvernement de la moitié des dépenses d'entretien des voies navigables. A cette condition seule, les canaux français, dont la section et les ouvrages sont, d'ailleurs, de dimensions beaucoup plus grandes que les canaux anglais, ont pu conserver une activité, encore loin d'être, cependant, en rapport avec leur dépense d'établissement et avec le parti à en tirer par de meilleures conditions techniques.

Partout où les chemins de fer ont été établis, le prix des transports a diminué dans la proportion de 4 à 1 par rapport aux voies de terre pour les grandes distances, et de 2 à 1 par rapport aux voies navigables ; mais l'activité du pays, constatée par son commerce intérieur et extérieur, s'est accrue dans une proportion bien plus forte.

Dans tous les pays d'Europe, le Gouvernement et la nation ont été irrésistiblement entraînés à l'établissement des chemins de fer, à peine de déchoir sous tous les rapports, et l'on peut dire de tous que leur vitalité politique et industrielle est en raison de l'étendue kilométrique de leur réseau de chemins de fer.

Viabilité des États-Unis d'Amérique. — Le peuple le plus entreprenant sous ce rapport (celui des États-Unis d'Amérique) a construit 52,000 kilomètres de chemins de fer (1). C'est deux fois et demie autant que l'Angleterre. L'immense superficie de son territoire, la nécessité d'en exporter les récoltes ou les richesses minérales lui imposaient cette unique solution. Aucune contrée n'était cependant plus heureusement douée par la nature d'une puissante viabilité.

Autour d'un territoire de 8,417,136 kilomètres carrés (seize fois plus grand que la France) se développent:

    11,039 kilomètres de côtes sur l'Atlantique,
     5,570   —   —   sur le golfe du Mexique,
     4,678   —   —   sur le Pacifique.

Les lacs du Nord offrent un littoral de 5,824 kilomètres d'étendue.

Cet ensemble de 27,111 kilomètres est rattaché à l'intérieur par des fleuves gigantesques.

Le Mississipi uni à l'Ohio y parcourt 3,244 kilomètres en le traversant du nord au sud. Ses affluents principaux : l'Ohio, le Missouri, l'Arkansas, les Moines, l'Illinois et le Red-River franchissent, chacun, à droite et à gauche du grand fleuve, des distances de 2 à 3,000 kilomètres.

L'Ohio, lui seul, a douze grands affluents qui sont de belles rivières. Les pentes en sont faibles, les courants réguliers, et c'est ainsi, dans les plus belles conditions de navigation, que le seul réseau naturel du Mississipi, fréquenté par les bateaux à vapeur, présente une étendue de 25,000 kilomètres.

La vallée du Mississipi (dix fois aussi grande que la France) est donc desservie mieux qu'aucun autre territoire sur le globe,

(1) A la fin de 1860 la longueur des chemins de fer décrétés était de 75,645 kil.
    Celle des chemins exécutés................................... 46,939
    Celle des chemins en construction ou à construire........ 28,706

D'après M. Michel Chevalier, *Voies de communication aux États-Unis.* en 1840. les chemins de fer projetés avaient une longueur de 14,600 kilomètres. 6,811 kilomètres étaient exécutés. Ils n'avaient coûté que 110,000 francs par kilomètre. Mais, depuis, la dépense de construction a été bien plus élevée.

mais la direction des rivières n'y est pas dans le sens de l'exportation qu'appellent les populations et les ports de l'Est; or, l'exportation des produits agricoles et minéraux qui s'alimente des excédants considérables des récoltes sur la consommation intérieure, est, aux États-Unis, le premier de tous les intérêts. Les autres parties du territoire, à l'est et à l'ouest, présentent des circonstances moins favorables de viabilité naturelle que la vallée du Mississipi.

Aussi, bien qu'admirablement servi par de magnifiques fleuves formant un réseau de voies navigables naturelles de 82,000 kilomètres, les Américains avaient déjà, et longtemps avant la découverte des chemins de fer, essayé de relier ces grandes artères navigables par un réseau de 8,357 kilomètres de canaux (1), qui ont coûté 732,617,690 francs (90,000 francs par kilomètre) et qui rendent encore de grands services.

La largeur et la profondeur de ses fleuves avaient permis à la République du Nord-Amérique de construire des embarcations à vapeur de dimensions et de vitesses exceptionnelles (25 à 30 kilomètres à l'heure). Sur plusieurs fleuves, ces bateaux luttent encore, pour le transport des voyageurs, avec les chemins de fer parallèles.

Ce qui a contribué à créer dans cette contrée le peuple le plus marin du globe, ce sont les admirables baies de la Chesapeake, du Potomac, de l'Hudson, du Connecticut, le Merrimac, le Delaware, le James, le Great Peder, le Savannah, l'Alabama qui permettent aux navires de mer et de fort tonnage d'entrer dans l'intérieur à quelques centaines de kilomètres. Les bords de ces fleuves sont devenus le berceau de la plus grande et de la plus habile des marines du monde. Sur la mer, comme sur les fleuves, ont surgi des constructions aussi nouvelles au point de vue de l'art et des dimensions que des résultats obtenus. Ces marines ont demandé au vent et à

---

1 En 1860 il y avait 6,074 kilomètres de canaux exécutés sur 10,185 kilomètres projetés. (MICHEL CHEVALIER. *Voies de communications aux États-Unis.*

la vapeur bien plus qu'on n'avait jamais osé rêver en Europe.

La viabilité des États-Unis est le plus fécond des sujets d'étude, parce que rien n'est plus significatif ailleurs sur les services à attendre des voies de communication pour tirer d'un territoire fertile, étendu, riche en minerai, le plus grand parti possible. A ce point de vue, il faut reconnaître que, malgré le nombre et l'étendue des voies navigables, les chemins de fer seuls pouvaient réussir à compléter sa viabilité, parce qu'ils peuvent franchir économiquement les plateaux et les chaînes de montagnes ; si la traction y est plus dispendieuse que sur les voies navigables, l'établissement en est plus facile et plus rapide. Nulle part donc, plus qu'en Amérique, les chemins de fer ne sauraient être l'instrument obligé de la colonisation ; de là, le prodigieux développement qu'ils ont reçu dans ce pays ; ils absorbent aujourd'hui son attention et ses efforts ; les voies navigables artificielles et les routes sont à l'arrière-plan.

Leur tracé a ramené incessamment vers l'Est où la population est plus compacte et vers les ports de l'Océan pour l'exportation le mouvement des voies navigables de l'intérieur. Le bas Mississipi et la Nouvelle-Orléans ont été déshérités d'une grande partie des transports que l'Est et le Nord ont attirés à eux. Le chemin de fer de la Nouvelle-Orléans à New-York enlève aujourd'hui aux palais flottants du Mississipi les voyageurs vers l'Est et le Nord.

Une entreprise grandiose s'accomplit en ce moment, c'est le complément des voies ferrées qui tendent à réunir le Pacifique à l'Atlantique. Vivement sollicité par les richesses minérales des États du Centre, l'*Union Pacific Railway* s'embranche sur cinq lignes qui ont, depuis plusieurs années, dépassé Chicago et franchissent la moitié de la distance totale entre New-York et San-Francisco. Cette distance est, par le 40° degré de latitude, de 3,900 kilomètres ; les sinuosités du tracé ajouteraient 700 kilomètres à la longueur totale des chemins de fer de l'Est à l'Ouest, qui est ainsi de 4,600 kilomètres suivant les documents statistiques.

L'*Union Pacific Railway*, qui est la dernière lacune de cette grande ligne, et dont la construction se poursuit avec ardeur, aura donc 2,200 kilomètres; c'est une longueur double de celle qui traverse la France du nord au sud. Il franchira trois chaînes de montagnes, mais à pentes douces et dont la hauteur est faible; la plus haute ne dépasse pas 1,870 mètres au-dessus du niveau de la mer, et le tracé ne se tient que très-peu de temps dans la région des neiges permanentes.

C'est au milieu de vastes solitudes que ce chemin se construit, portant avec lui et devant lui sa population ouvrière principalement composée d'Irlandais du côté de l'Est et de Chinois du côté de l'Ouest, avec leurs approvisionnements et avec les matériaux de la construction du chemin. L'ensemble de ce groupe de travailleurs est organisé en villages ambulants. Les Irlandais sont en famille. Habitués à cette vie nomade, ils sont partis du littoral de l'Est, il y a des années, plaçant les rails devant eux. Ils avancent incessamment, toujours liés à la civilisation qu'ils laissent derrière eux et aux ressources qu'elle leur procure, par ces lignes de fer que les Indiens respectent, parce qu'elles portent avec elles des moyens de défense rapides et énergiques.

Chemin de fer dans les Indes anglaises. — Un des faits les plus dignes d'attention est celui de la récente création d'un réseau de chemins de fer dans les Indes anglaises. Son fondateur est lord Dalhousie. La combinaison financière consiste, de la part du Gouvernement, à appeler les capitaux privés par l'intermédiaire des Compagnies, en garantissant à celles-ci un intérêt de 5 pour 100 sur toutes les sommes dépensées. A cet effet, un contrôle sévère est exercé sur les dépenses.

Le Gouvernement et les actionnaires partageront par moitié les produits nets au delà de 5 pour 100. En cas de guerre, le Gouvernement reprendra les chemins de fer au prix coûtant. 38,704 actionnaires et obligataires anglais, 404 natifs, et 358 Anglais résidant dans l'Inde ont souscrit et payé (1866

1,830 millions de francs. L'œuvre s'est poursuivie, depuis 1855, à raison de 80 à 192 millions par an. Sur 1,531 millions de francs, dépensés avant 1866, 550 millions l'ont été en Angleterre, en rails, ouvrages métalliques, machines et voitures, et 976 millions dans les Indes en terrassements, ouvrages d'art et de main-d'œuvre diverse.

Le fret des objets transportés d'Angleterre aux Indes pour la construction des chemins de fer, a porté sur 2,863,635 tonnes. 7,950 kilomètres ont été concédés et ils coûteront 2,042 millions de francs, ou 256,000 francs par kilomètre. 5,460 kilomètres sont exécutés et en exploitation (1866). 2,490 kilomètres sont en cours actif de construction.

La recette brute a été, en 1865, de 113 millions de francs; c'est 20,260 francs par kilomètre.

Le *East-India*, de 2,050 kilomètres, a coûté 709 millions, ou 346,000 francs par kilomètre. Il produisait déjà, en 1865, 5 pour 100 d'intérêt de son capital.

Le *Great-India-Peninsula*, de 1,985 kilomètres, a coûté 463 millions ou 228,000 francs par kilomètre. Il produit 10 pour 100 de son capital.

La ligne de *Madras* sur le Sud, de 775 kilomètres, a coûté 150 millions ou 189,000 francs par kilomètre, et il a produit 3 pour 100 dès la première année. La ligne de *Bombay* à *Baroda*, de 510 kilomètres, a coûté 198 millions, ou 376,000 francs par kilomètre, et rapporte 1 1/2 pour 100 dès la première année.

En somme, l'intérêt garanti était, pour 1865, de 57 millions de francs. Le produit net s'est élevé à 43 millions, laissant 14 millions en charge au Trésor. Les tarifs des voyageurs sont de 10ᶜ 6 à 14 centimes pour la première classe, de 6ᶜ 25 pour la seconde et de 1ᶜ 56 pour la troisième, par kilomètre. Ce dernier tarif donne aux naturels une grande facilité de circulation. Le tarif des marchandises varie suivant la classe de 43ᶜ 5 à 10ᶜ 9 par kilomètre et par tonne.

Ces détails sont justifiés. C'est un très-grand exemple, venant surtout de l'Angleterre, que celui-là. Rien d'aussi pratique, d'aussi efficace n'avait encore été fait pour associer l'industrie et l'État dans l'accomplissement d'une œuvre aussi difficile. Le succès est dû à l'esprit libéral qui en avait posé les bases.

Viabilité de la Confédération de l'Allemagne du Nord (1). La Prusse et les provinces qu'elle s'est annexées ont toujours fait de grands efforts pour améliorer la viabilité de leur territoire.

Dans l'exposé suivant, nous distinguerons ceux qui se rapportent à l'ancienne Prusse de ceux qui concernent les provinces annexées.

Les routes ont, dans l'ancienne Prusse, une longueur de 36,967 kilomètres (1864). Elles ont coûté, depuis cinquante ans, environ 300 millions dont moitié à la charge de l'État, le reste à la charge des provinces, des communes et des particuliers. Le budget de l'État pour l'entretien des routes est, cette année, de 9,420,000 francs. Celui de la construction des routes nouvelles est de 3,750,000 francs.

Les provinces annexées à la Prusse ajoutent 7,782 kilomètres au réseau des routes ordinaires.

Le réseau des voies navigables de la Confédération est de 7,960 kilomètres, dont l'entretien coûte annuellement à l'État 4 millions de francs. Pour l'amélioration des rivières le budget alloue 1,875,000 francs. Les droits de navigation viennent d'être en partie supprimés, en partie très-réduits.

Le littoral de la Confédération sur la Baltique a une étendue de 950 kilomètres. Il est fermé pendant plusieurs mois de l'année par les glaces. Le littoral sur la mer du Nord a 240 kilomètres. Le Rhin compense en partie l'infériorité de la Prusse sous ce rapport.

(1) La Confédération de l'Allemagne du Nord se compose des deux royaumes de Prusse et de Saxe; de quatre grands-duchés : Mecklenbourg-Schwerin, Mecklenbourg-Strélitz, Oldenbourg et Saxe-Weimar; de cinq duchés, Brunswick, Anhalt, Saxe-Meiningen, Saxe-Cobourg-Gotha, Saxe-Altenbourg; de sept principautés : Lippe-Detmold et Schaumbourg, Waldeck, Schwarzburg-Rudolstadt et Sachsenhausen, Reuss (Ligne aînée et Ligne cadette), et enfin d'une province du grand-duché de Hesse.

Le réseau exploité des chemins de fer est de 9,279 kilomètres. Les provinces annexées y entrent pour 1,618 kilomètres qui ont coûté 206 millions. La dépense d'établissement de ce réseau a été de 2,273,095,000 francs, ou 244,972 francs par kilomètre, donnant un produit net de 19,055 francs, soit 7.8 pour 100 du capital.

La Confédération a une superficie de 362,658 kilomètres carrés ; les provinces annexées y entrent pour 64,204 kilomètres. Cette superficie égale les deux tiers de celle de la France. La population de l'ancienne Prusse est de 19,254,649 habitants. Celle des provinces annexées de...... 5,735,292 —

L'ensemble ... . 24,989,941 habitants

est un peu moins dense qu'en France : 65 habitants par kilomètre carré au lieu de 69.

La comparaison avec la France fournit les rapprochements suivants :

VIABILITÉ.	PAR KILOMÈTRE CARRÉ.	
	Prusse.	France.
Chemins vicinaux..........	Ignorés.	977 mètres
Routes........	107 mètres	162
Voies navigables.	22	17.80
Littoral maritime.........	2.25	4.45
Chemins de fer............	25.60	29.71

La comparaison des richesses minérales de la Prusse avec celles de la France compléterait ces chiffres : l'égalité qu'ils mettent en lumière sur le principal instrument de la production des deux pays, le fer, explique le parallélisme du progrès que l'Exposition a révélé entre eux.

Viabilité de l'Autriche. — L'Autriche a une surface de 622,518 kilomètres carrés, presque double de celle de la

Prusse. Sa population, de 35,293,000 âmes, est beaucoup moins dense, 57 habitants par kilomètre carré.

Sa viabilité se compose :

de 21,112 kilomètres de routes de l'État.

et de 66,747 kilomètres , routes provinciales et autres;

l'ensemble, de 87,859 kilomètres, produit 141 mètres de routes par kilomètre carré. L'Autriche est donc très-supérieure à la Prusse et elle approche de la France sous ce rapport.

Mais cette contrée est, à l'exception du Danube, déshéritée de voies navigables. Le Danube cette grande artère de l'Autriche, coule dans un sens opposé aux marchés où les produits des provinces qu'il arrose se vendraient au plus haut prix. Cependant il est un des cours d'eau les plus actifs de l'Europe. En 1865, il était fréquenté par 657 navires dont 134 à vapeur appartenant à la Société Impériale de navigation. Le littoral maritime de l'Autriche sur l'Adriatique est de 440 kilomètres.

Les chemins de fer avaient, en 1865, une étendue de 5,644 kilomètres qui avaient coûté 1,789,237,000 francs ou 277,616 francs par kilomètre.

Malgré l'infériorité apparente que ces chiffres semblent indiquer, l'Autriche se suffit à elle-même dans la fabrication des rails, des machines et du matériel roulant.

L'Autriche avait, la première, franchi les Alpes au Sömmering. Elle vient de les franchir de nouveau au col du Brenner, élevé de 1,367 mètres au-dessus de la mer. La lacune de 124 kilomètres qui séparait Inspruck de Botzen a disparu. 788 mètres de hauteur sont atteints par des inclinaisons de $0^m 025$ sur un versant, et de $0^m 0225$ sur l'autre. Le rayon des courbes ne descend pas au-dessous de 285 mètres. Dans ces conditions, l'exploitation déjà économique qui s'opère pour la traversée du Sömmering sera fortement améliorée. La circulation d'un

train coûte, en plaine, 0 fr. 90 par kilomètre, et sur le Sœm-
mering, 1 fr. 49 c. Cette différence est encore en progression
décroissante.

L'Autriche aura ainsi, deux fois, résolu heureusement une
des plus grandes difficultés qu'éprouvent les chemins internationaux, celle de franchir les chaînes de montagnes.

Viabilité de la Bavière. — La Bavière a une superficie de
75,722 kilomètres carrés, supérieure de 11,500 kilomètres
carrés à l'ensemble des provinces récemment annexées à la
Prusse. Sa population est de 4,744,130 âmes ; c'est 63 habitants par kilomètre. Elle avait, en 1862, 27,110 kilomètres de
routes ; en voies navigables, le Danube qui la traverse, et le
canal Louis qui a 174 kilomètres de longueur. En 1866,
elle avait 1,328 kilomètres de chemins de fer, ayant coûté
319,121,823 francs ou 242,126 francs par kilomètre. Le produit net de l'exploitation de ce réseau était de 10,180 francs par
kilomètre ou 4.88 pour 100 du coût de la construction. L'État
est le seul exploitant du chemin de fer, et la proportion de la
dépense d'exploitation sur la recette brute est de 63.5 pour 100.

*Viabilité du Wurtemberg, du duché de Bade et de divers
autres États allemands.* — La viabilité de ces territoires
n'est connue qu'en ce qui concerne les chemins de fer.

En 1866, le Wurtemberg avait 719 kilom. de chemins de fer.
— le duché de Bade . 570 — —
— la Hesse grand-ducale 289 — —
— les autres États..... 1,429 — —

2,748 kilomètres.

Le duché de Bade, dont la superficie n'a que 15,260 kilomètres carrés (celle de deux départements et demi de la
France), a 5,532 kilomètres de chemins vicinaux, 3,031 kilomètres de routes et 719 kilomètres de chemins de fer. Il a
250 kilomètres de voies navigables naturelles. Ces chiffres le

2

placent en première ligne de tous les États européens sous le rapport de la viabilité. Sa population, de 1,428,000 habitants est aussi la plus dense, 94 habitants par kilomètre carré. Cependant, faute de développement industriel, peut-être aussi faute de terre cultivable, ce pays est, après l'Irlande, celui qui fournit le plus à l'émigration.

En résumé, le réseau des chemins de fer en Allemagne, Autriche comprise, qui était, en 1855, de 10,536 kilomètres, s'élevait, en 1866, à 19,760 kilomètres; chaque année, pendant dix ans, cette contrée avait ajouté, en moyenne, à son réseau 952 kilomètres, avec une dépense annuelle de 275 millons. La superficie de ce territoire est de 1,157,441 kilomètres carrés ; c'est plus du double de celle de la France. Sa population est de 69,612,000 âmes.

La viabilité du territoire y est, en ce qui concerne les chemins de fer et les routes, dans des conditions qui se rapprochent de celles de la France; mais elle est beaucoup moins bien partagée en lignes navigables naturelles et artificielles ; elle est presque complétement privée de littoral maritime. Dans ces conditions, l'Allemagne doit compenser par le développement des chemins de fer ces causes d'infériorité. Elle s'est engagée dans cette voie avec résolution.

Viabilité de la Belgique. — La Belgique est, après l'Angleterre, le territoire le plus favorisé au point de vue des conditions naturelles de viabilité. Ses chemins vicinaux y ont une longueur de 17,500 kilomètres, et ses routes de 6,990 kilomètres. Un réseau de lignes navigables, constitué par de très-belles rivières et par 1,500 kilomètres de canaux bien entretenus, dessert admirablement ses usines et ses ports. Les chemins de fer devaient, sur un sol aussi uni et aussi riche sous tous les rapports, compléter, comme en Angleterre, les meilleures conditions de viabilité.

L'ensemble des chemins de fer exploités et en construction a une étendue de 3,995 kilomètres.

Le réseau exploité est de 2,367 kilomètres, composés :

1° Chemins construits et exploités par l'État........   569 kilomètres.
2° Chemins construits par les Compagnies et exploités
par l'État........................   1,798

Ce réseau a coûté 688 millions, soit 290,787 francs par kilomètre. Le produit brut est de 30,832 francs par kilomètre et la dépense de 15,987 francs. Le bénéfice (14,845 francs) donne au capital un intérêt moyen de 5 pour 100, savoir : pour les chemins de l'État 6.91 pour 100, pour ceux des Compagnies locales 3.23 pour 100, et pour ceux qu'exploite la Compagnie du Nord de France 6.49 pour 100. 20 millions de voyageurs et 15,680,000 tonnes de marchandises ont été transportées (1865).

La circulation moyenne par kilomètre de chemin de fer, en France, étant 100, elle est, en Belgique, pour les voyageurs 142 et pour les marchandises 112. Mais la Belgique a une population de 4,985,000 habitants répartis sur 29,455 kilomètres carrés : c'est 168 habitants par kilomètre carré, tandis que la France n'en a que 69. Le rapport des densités des deux populations est donc, 100 étant celle de la France, de 244 pour la Belgique. La circulation des hommes et des choses sur les chemins de fer est donc relativement beaucoup moindre en Belgique qu'en France.

De 1,767 kilomètres, en 1855, le réseau s'était élevé à 2,367 kilomètres en 1867. Il avait donc été construit 600 kilomètres en douze ans, ou 50 kilomètres par an (il ne faut pas oublier que la superficie de ce pays est dix-huit fois moindre que celle de la France). 4,628 kilomètres de chemins de fer étaient, en outre (1866), en construction ou concédés. Depuis, des concessions nouvelles font espérer que le développement des chemins de fer ne s'arrêtera pas dans ce pays déjà si heureusement doué.

Viabilité de l'Espagne. — L'Espagne, dont la superficie est de 494,946 kilomètres carrés, a 5.110 kilomètres de chemins de fer en exploitation : 1,873 kilomètres sont en construction. L'ensemble des chemins concédés y est donc de 7,018 kilomètres. C'est 10^{m}50 de chemin de fer par kilomètre carré du territoire, et, après l'achèvement du réseau concédé, ce sera 14^{m}50. Les mêmes chiffres sont, pour la France, 29^{m}70 et 39^{m}60.

De 1860 à 1863, l'Espagne a ajouté 1,028 kilomètres à son réseau, soit 342 kilomètres, au prix de 105 millions, par an. Depuis 1863, elle a concédé 1,586 kilomètres dont aucun n'est livré à l'exploitation.

L'établissement des chemins de fer a coûté 306,000 francs par kilomètre. La recette brute est de 17,500 francs, la dépense, de 10,820 francs ou 59.5 pour 100. Le produit net fournit ainsi 2.10 pour 100 d'intérêt du capital engagé.

Les routes de première, deuxième et troisième classe terminées et en construction (1864), ont, en Espagne, une longueur de 19,191 kilomètres, dont 14,926 terminées ; c'est 39 mètres par kilomètre carré. La France en a 163 mètres. L'ensemble des routes inscrites et dont les lois ont mis l'exécution à la charge de l'État, est de 35,827 kilomètres. La moitié environ est exécutée.

L'Espagne a si peu de lignes navigables que leur entretien ne paraît pas dans son budget des travaux publics. Ses canaux ou rivières canalisées se réduisent à six et leur longueur totale est de 693 kilomètres.

Quant aux chemins vicinaux, l'Espagne en est dépourvue en ce sens que des 3,585,000 kilomètres de chemins provinciaux et vicinaux dont ses statistiques font mention, 2,010,000 kilomètres sont en projet ; les autres, à peine accessibles pour les mulets, ne permettent pas l'usage des véhicules à roues.

Cette vaste contrée, si surfaite depuis des siècles, quant à ses ressources agricoles, si lente à l'éveil de sa population dans la voie du travail industriel, que serait-elle aujourd'hui si son Gouvernement n'avait pas appelé au secours de cette oisiveté qu'il espérait galvaniser les capitaux et les hommes qui lui ont apporté les chemins de fer? L'Espagne serait peut-être encore une nation, mais ses provinces seraient entre elles sans cohésion et leur faisceau serait impuissant

Viabilité de la Russie. — Le gouvernement russe imite l'Autriche et le gouvernement Espagnol. Il rattache les unes aux autres, par les chemins de fer, des nationalités diverses ; il a continué la fusion morale commencée par l'affranchissement des serfs, par la fusion des intérêts qui est la conséquence d'une bonne viabilité. Luttant, comme l'Américain du Nord, contre d'immenses solitudes, contre des climats rigoureux et divers, il cherche l'homogénéité du territoire dans l'unique moyen de franchir rapidement et économiquement la distance.

Le système de viabilité de la Russie est, sur notre continent, celui qui offre les plus grandes difficultés : la superficie de ce territoire est, en Europe seulement, décuple de celui de la France, pour une population qui n'est que du double. Ce territoire touche à quatre mers presque intérieures ; il renferme un grand nombre de lacs et 30,337 kilomètres de lignes navigables naturelles, créées par de très-beaux fleuves ; il est vrai que l'hiver y interrompt la navigation pendant la moitié de l'année. Ces fleuves sont reliés par 1,381 kilomètres de canaux que le froid ferme plus longtemps encore ; enfin la neige substitue pendant quatre mois aux routes, aux rivières et aux canaux, un traînage très-économique. Tels sont les éléments naturels de viabilité, la neige l'hiver, les rivières pendant l'été, qui, dans ce pays, compensent l'absence de routes et de chemins vicinaux. Car la Russie d'Europe n'a que 8,416 kilomètres de chaussées. Ses routes postales ont, il est vrai, une étendue de 94,000 kilomètres, mais elles consistent en un tracé sur le sol naturel. Les transports y sont possibles sur roues pendant quatre mois d'été, et par le traînage pendant quatre mois d'hiver. Il ne faut pas compter sur plus de 200 jours par an de communication facile en Russie ; mais autant les routes sont insuffisantes, autant les chevaux, les œufs et leur nourriture s'obtiennent à un faible prix, de sorte que le blé et le produit des mines parcourent des distances considérables moyennant une dépense inférieure à celle du roulage ordinaire dans des climats plus favorisés.

Les chemins de fer ne tarderont pas à résoudre les graves difficultés qui résultent, dans ces contrées peu peuplées, des grandes variations de la température. 4,513 kilomètres sont en exploitation et 1,649 en construction. Ce dernier chiffre est faible et il indique un ralentissement grave.

La Russie qui, depuis six ans, a dépensé en moyenne 270 millions par an pour construire ses chemins de fer, ne peut s'arrêter un seul jour dans cette voie. Depuis cinq ans, elle a ajouté, en moyenne annuelle, 480 kilomètres à son réseau, en dépensant de 130 à 150 millions.

Viabilité de la Suède. — La Suède, dont la superficie est de 439,813 kilomètres carrés, et la population de 4,114,141 habitants, a 53,867 kilomètres de routes et chaussées, 588 kilomètres de canaux et 1,740 kilomètres de chemins de fer.

La dépense de construction a été de 103,245 francs par kilomètre. L'État en a établi 1,036 kilomètres : 704 l'ont été par les Compagnies. Mais là, comme ailleurs, l'État exploite les chemins de fer aux mêmes conditions que les particuliers, c'est-à-dire avec les mêmes tarifs.

Les canaux de la Suède sont de plus grande dimension que ceux de la France, et ces derniers sont supérieurs, sous ce rapport, aux canaux anglais.

Viabilité de la Norwége. — La Norwége a 359 kilomètres de chemins de fer, dont 68 kilomètres à voie de 1m50 et 292 kilomètres à voie de 1m067. Ceux-ci ont coûté 67,450 francs par kilomètre et sont exploités par des machines locomotives à six roues, du poids de 16 tonnes.

Ce qui présente ici le plus vif intérêt, c'est l'adoption récente par l'État, qui a construit et qui exploite ces chemins de fer, de la voie de 1^m067. La Belgique en offrait depuis longues années l'exemple entre Anvers et Gand ; cette voie s'y est montrée très-efficace pour les transports de voyageurs et de marchandises. Les chemins de fer de 0^m80, 1 mètre, 1^m10 et 1^m20 de voie ont reçu en France de nombreuses applications sur les gîtes houillers, et les machines locomotives présentées par leurs constructeurs à l'Exposition Universelle sont un des traits les plus saillants du progrès qui s'est accompli, dans ces dernières années, dans la construction des chemins de fer économiques.

Viabilité de l'Italie. — L'exemple le plus remarquable, comme impulsion donnée à l'établissement des chemins de fer, est celui de l'Italie. Son Gouvernement a vu dans les voies ferrées un instrument indispensable d'unité. L'impulsion qu'il leur a donnée démontre le parti pris d'y consacrer une large part des ressources financières du pays.

Dans ces sept dernières années, en effet, l'Italie a augmenté son réseau de chemins de fer de 2,800 kilomètres. En 1865-66, on a ouvert à l'exploitation 701 kilomètres.

Le territoire italien a une superficie de 259,000 kilomètres carrés et une population de 21,750,000 habitants, soit 84 par kilomètre ou 15 de plus que la France ; mais le produit du travail et, par conséquent, l'aisance moyenne sont loin d'atteindre au même niveau. L'industrie manque à l'Italie et la petite culture y laisse peu d'excédant à exporter sur les marchés étrangers.

Le réseau des chemins de fer italiens se composait au 1er janvier 1867 :

En lignes exploitées................	5,104^{kilom}.	
lignes en construction..........	1,289	» 5
lignes concédées à construire...	2,534	» 5
Total......	8,928	» »

Les 5,349 kilomètres en exploitation au 1er juin 1867 avaient coûté 1,561.200,000 francs, soit, en moyenne, 291,864 francs par kilomètre ; mais les travaux restant à faire, pour achever les lignes commencées, sont de nature à élever la dépense kilométrique à 325,000 francs.

On estime à 95 millions le secours annuel que l'État doit apporter aux Compagnies de chemins de fer pour l'achèvement du réseau concédé.

La construction des chemins de fer est nécessairement dispendieuse. Les deux lignes du littoral ont à traverser des cours d'eau descendant des Apennins et dont le régime est torrentiel jusqu'à leur embouchure. Les traversées des Apennins exigent des travaux considérables. Celle de Bologne à Pistoie, récemment terminée, présente, sur 98 kilomètres de longueur, 46 souterrains, 28 grands ponts, 21 kilomètres de murs de défense, 9 viaducs et 340 ponts, ponceaux et aqueducs. C'est la cinquième traversée de montagne par un chemin de fer achevée depuis 1862.

Le réseau italien se lie au réseau continental par le passage des Alpes-Juliennes, à l'Est, et, vers le Nord, par celui des Alpes-Rhétiennes (au Brenner), dus, tous deux, à l'Autriche. A l'Ouest, le mont Cenis sera franchi dans quelques années, avec l'aide financière de la France. Il reste 4,556 mètres à percer sur 12,220. La moyenne annuelle d'avancement ayant été de 1,111 mètres pendant ces trois dernières années, et la masse quartzite ayant enfin été traversée, il est permis d'espérer 1,250 mètres d'avancement annuel, comme en 1865.

Le produit brut kilométrique des chemins italiens est, en moyenne, de 17,000 francs, variant de 22,500 à 8,000 francs.

En Italie, comme en Espagne et en Suisse, les capitaux consacrés à l'établissement des chemins de fer ont été presque exclusivement apportés par la France.

L'Italie a ouvert, en outre, 800 kilomètres de nouvelles routes, et elle a consacré à cette partie de ses voies de communication environ 18 millions par an. Il lui reste à utiliser le littoral maritime par des ports facilement accessibles et bien éclairés. Nul pays, après l'Angleterre, n'est, au point de vue des services que l'étendue du littoral maritime peut rendre pour faciliter les communications, plus favorisé par ses conditions naturelles.

Viabilité de la Suisse. — La superficie de la Suisse est de 41,418 kilomètres carrés. La population de 2,510,494 âmes. Le réseau des chemins de fer est de 1,257 kilomètres. La densité de la population et l'étendue du réseau des voies ferrées sont donc, en Suisse, dans des conditions à peu près égales à celles de la France.

Le réseau a coûté 364,289,450 francs, soit 325,800 francs par kilomètre. Son produit net est de 13,112,000 francs, soit 10,040 francs par kilomètre, ou 3.71 pour 100 du capital dépensé. Ce capital a été, en presque totalité, fourni par la France. La perte de plus de 150 millions réalisée par elle, pèse lourdement sur le crédit de la Confédération Helvétique. Les mesures rigoureuses prises par les Cantons contre les capitaux étrangers ont paralysé les efforts que fait ce pays pour la traversée des Alpes. Sous l'influence de l'impuissance avérée de ses efforts, la Suisse se décide, après avoir ruiné en France l'épargne privée, à faire appel au concours des gouvernements des États allemands intéressés à cette traversée. Elle leur demande une subvention dans la dépense de 200 millions que coûtera la traversée du Saint-Gothard, si elle est exécutée dans les conditions de celle du mont Cenis.

C'est à cette seule direction que la Suisse consacrera désormais ses ressources. Elle ôte tout concours aux passages du Simplon et du Lukmanier, au pied desquels devront s'arrêter les lignes actuelles.

Avant 1862, les chemins de fer avaient traversé les Alpes au Sömmering. Ils ont, depuis, traversé le Guadarrama, entre la province de Madrid et la Castille, deux fois les Pyrénées de la Castille, dans les Asturies et le Guipuscoa ; les Alpes, de nouveau, sur le littoral méditerranéen français et italien, jusqu'au Brenner ; enfin, les Apennins, de Bologne à Pistoie. Aucun État, en Europe, ne s'est arrêté devant une traversée de montagne quand un grand intérêt commercial et de civilisation était en jeu. La Suisse seule est impuissante ; cette impuissance la compromet autant que peut le faire une solution de défiance et d'hostilité contre les intérêts de ses voisins.

Extension annuelle du réseau continental des chemins de fer. — En résumé, l'Europe poursuit l'établissement des chemins de fer avec une ardeur qui témoigne des bienfaits qu'elle en attend.

Chaque année, plus de 1,400 millions se dépensent, et 3,600 kilomètres s'ajoutent au réseau continental.

La France y entre pour	400 millions et	925 kilomètres.
L'Angleterre............	420 —	777 —

L'Espagne attend la renaissance de son crédit.

Il faut l'inscrire pour..	50 millions et	150 kilomètres.
L'Allemagne (l'Autriche comprise).........	275 —	952 —
La Belgique...........	13 —	50 —
La Russie............	140 —	400 —
L'Italie..............	80 —	200 —
La Suisse, la Turquie, la Hollande, le Danemark, le Portugal, la Suède.	50 —	150 —
Total.....	1,428 millions et 3,604 kilomètres.	

CHAPITRE II.

AVANTAGES QUE LES CHEMINS DE FER APPORTENT A L'INDUSTRIE

———

Faits généraux. — Tarifs comparés, tarifs différentiels. — France.
— Transports sur les voies de terre, chemins de fer à petite voie.
— Transports dans les villes, voitures-omnibus. — Transports sur
les voies navigables, canaux et rivières. — Isthme de Suez. —
Transports sur les chemins de fer. — Angleterre. — Prusse. — Autriche. — Suède. — Norwége. — Publications récentes sur les chemins de fer.

§ 1. — Généralités.

Après avoir ainsi résumé les conditions générales de la viabilité des territoires des différentes nations représentées à
l'Exposition Universelle et la part que les chemins de fer y
ont aujourd'hui, il nous reste à en rechercher les avantages,
c'est-à-dire à examiner l'économie que l'industrie européenne
retire du fait de leur établissement. Par industrie, il faut enten-
dre ici l'agriculture, les manufactures et les mines. Les transports commerciaux impliquent tout cela.

Le réseau européen des chemins de fer a une étendue d'environ 80,000 kilomètres ; il a coûté 28 milliards.

La recette brute annuelle, qui constitue le prix des transports
accomplis est de 2,656 millions de francs, soit 33,100 francs par
kilomètre. La dépense d'exploitation varie, pour la France,
l'Angleterre et l'Allemagne, entre 45.98 et 48.60 pour 100 des
recettes brutes. Elle s'élève dans les autres pays à plus de
50 pour 100. On est bien près de la vérité en l'estimant à
49 pour 100 pour l'ensemble.

Le prix payé par kilomètre dans les divers pays, par le
voyageur, varie entre 5 et 9 centimes.

Le prix payé pour une tonne de marchandise transportée à
un kilomètre, varie entre 5.98 et 12.9 centimes.

Dans ce prix de 5.98 centimes applicable à la France, entre la houille, dont le prix moyen de transport est de 3.62 centimes.

Mais comme les contrées où le prix est le plus élevé sont celles où les transports sont le moins importants, le prix moyen peut-être compté pour le voyageur à 5.9 centimes et pour la tonne de marchandises à 7 centimes.

L'unité de transport, en assimilant un voyageur à une tonne de marchandise, revient, d'après la proportion des recettes de ces deux natures de transport, qui est comme 12 sur les marchandises et comme 8 sur les voyageurs, à 6.53 centimes.

Une recette brute de 2,656 millions de francs équivaut donc à 44,360 millions d'unités transportées à un kilomètre.

Dans cet ensemble, la France entrait :

En 1866, pour......................	9.267.000.000 unités.
En 1865, l'Angleterre pour...........	10,670.000.000 —
En 1863, l'Allemagne pour...........	6,750.000.000 —
En 1863, les autres pays d'Europe pour	13,673.000.000 —
Total..............	40,360,000,000 unités.

La différence des services rendus peut être appréciée par les rapprochements suivants :

En Russie, le voyageur paye, par kilomètre, 1864.....	5' 3
En Suède, 1864.............................	4 7
En Belgique (avant la réduction), 1864	5 4
En Allemagne, 1864..........................	5 5
En France, 1866.............................	5 5
En Suisse, 1864	5 2
En Angleterre, 1865..........................	9

Pour compléter la signification de ces chiffres, il faut comparer ce que ce tarif moyen exprime dans chaque pays, c'est-à-dire la part proportionnelle des voyageurs de première et de seconde classe. Sur l'ensemble des personnes transportées, la supériorité sera en raison directe de la plus forte proportion.

Voici donc les chiffres comparatifs :

Il entre en voyageurs de première et de seconde classe dans l'ensemble de la circulation des personnes :

En France... 0.42
En Angleterre.. 0.40
En Italie.. 0.30
En Hollande.. 0.28
En Suisse... 0.24
En Espagne... 0.23
En Belgique.. 0.22
En Allemagne.. 0.20
En Prusse.. 0.19
En Suède... 0.19
En Russie.. 0.12

Les pays qui semblaient au même rang que la France dans l'économie des transports des personnes, sont, on le voit, bien loin de l'atteindre.

La tonne de marchandises paye pour le transport à un kilomètre :

En France, 1866.................................. 5c 98
En Angleterre, 1863............................. 8 à 9
En Russie, 1864................................. 9   4
En Allemagne, 1864............................. 9   4
En Suède, 1864................................. 11   1
En Suisse, 1864................................ 11   3

La France a donc aussi une supériorité considérable sur les autres nations, quant au transport des marchandises.

Quant à l'économie générale que les chemins de fer apportent à l'industrie européenne, il est facile de la conclure approximativement des chiffres qui précèdent en les rapprochant des prix de transports actuels par les voies intérieures.

En France, le prix du transport d'une tonne de marchandises par voie de terre est de 0 fr. 20 à 0 fr. 25 par kilomètre ; c'est quatre fois plus que le prix payé aux chemins de fer. Ce prix est beaucoup plus élevé sur les chemins vicinaux.

Cette proportion, appliquée aux 2,655 millions de francs que reçoivent annuellement les chemins de fer européens, indiquerait une économie annuelle de 7,970 millions de francs sur les transports. Pour la France seule, cette économie serait de 1,850 millions de francs.

On ne peut amoindrir ce résultat de la part que les chemins de fer ont enlevée aux voies navigables, pour plusieurs raisons : la première, parce que les transports par les voies navigables se sont accrus; la seconde, parce que cette part est trop faible pour pouvoir entrer dans le calcul, et enfin parce que nous n'avons pas fait entrer dans la comparaison les transports par chemins vicinaux, dont les chemins de fer effectuent une partie notable, et qui coûtent beaucoup plus de 0 fr. 25 par kilomètre.

Le coût réel du transport sur les chemins de fer, à comparer avec la même dépense sur les voies navigables et sur les routes de terre, franches de péage, est le prix payé, déduction faite de la part de revenu du capital. La proportion entre les dépenses d'exploitation des chemins de fer et les recettes brutes étant de 49 pour 100, cela signifie que les 6 cent. 53 qui représentent le prix de l'unité de transport doivent se partager de la manière suivante :

Dépenses de transport : traction, entretien de la voie, surveillance, frais généraux de tout genre........... 3ᶜ 20
Revenu du capital d'établissement... .... 3 33

Total 6ᶜ 53

Pour la France, le calcul s'appuie sur des chiffres plus certains, parce que la statistique est plus complète.

L'unité (un voyageur ou une tonne de marchandises) a payé (1866) pour le transport à un kilomètre 5ᶜ 82

Le rapport de la dépense d'exploitation à la recette brute y est de 0.45. Le prix de transport, 5.82, doit donc se diviser :

En dépenses d'exploitation de tout genre 2ᶠ 62
Et pour le revenu du capital 3 20

Ces 3 cent. 20 représentent 4.57 pour 100 du capital dépensé pour l'établissement des chemins de fer, y compris la part de l'État, ou 5.35 pour 100 du capital apporté par les Compagnies.

Le rapport des dépenses d'exploitation à la recette brute varie entre les différentes parties de l'ancien réseau français de 31.38 pour 100 à 40.5 pour 100, et pour le nouveau réseau de 49, 13 pour 100 à 55 pour 100. Cette différence démontre l'abaissement graduel qui résultera, dans les dépenses de transport, de l'accroissement même de la circulation.

Après avoir ainsi considéré, en général, l'économie que les chemins de fer apportent à l'industrie en Europe, terminons cet exposé par un des côtés singulièrement caractéristiques des bienfaits à attendre des chemins de fer nationaux et internationaux.

En première ligne se placent, dans les transports exécutés par les chemins de fer, la houille, le minerai de fer, le blé et les bestiaux. C'est ainsi que l'utilité la plus contestable des chemins de fer, à l'origine, est celle qui prévaut aujourd'hui. Partout en Europe, les chemins de fer s'organisent pour transporter de fortes masses à de grandes distances. L'Angleterre est, par suite de l'exiguïté des distances sur son territoire, la moins sensible à cet intérêt, et cela ressort de la faiblesse relative de ses locomotives destinées aux transports à petite vitesse. Tandis que la France et les États du continent montrent, en majorité, les machines où le maximum d'adhérence est recherché à l'aide de combinaisons diverses, l'Angleterre maintient l'usage exclusif de ses appareils légers et rapides, que le continent n'emploie qu'au service des voyageurs.

Le tarif différentiel est l'expression des conditions mêmes dans lesquelles les transports s'effectuent. Le prix de revient du transport s'abaisse dans une certaine proportion avec la distance parcourue. Il s'abaisse encore si les masses à transporter sont très-considérables, si les transports peuvent être réguliers, si un double courant en sens contraire se produit entre les points extrêmes et d'arrivée. Le public doit recueillir tous les avantages dont un procédé de transport est susceptible ; il a donc droit aux tarifs différentiels en tant qu'ils sont l'expression des graduations du prix de revient des transports. Le résultat final des tarifs différentiels est d'abaisser et de niveler le prix des choses sur tous les points du territoire desservis par les chemins de fer, en atténuant les effets de la distance.

Les tarifs différentiels ont d'abord réduit les prix par la classification des transports. La houille, agent de la production, a été favorisée ; le blé ensuite : c'était le premier pas. La seconde réduction, prise dans l'essence même des conditions de transport, a eu pour résultat de mettre l'intérieur en communication avec les ports du littoral, et réciproquement, dans les plus favorables conditions d'économie. Ce fut pour la lutte sur les marchés étrangers un grand bien. Il abrégeait la distance des foyers de l'industrie aux ports d'expédition et d'arrivages. Jusqu'en 1862, cependant, il a fallu défendre le principe des tarifs différentiels contre les fausses interprétations dont il était l'objet : aujourd'hui, son action salutaire est incontestée. L'application en devient de plus en plus générale, et sa fécondité s'étend à mesure que les réseaux de voie ferrée des divers États s'unissent entre eux.

Tous les jours de nouveaux abaissements de tarifs se produisent pour les parcours internationaux sur les matières de basse valeur, qui sont l'aliment nécessaire à l'industrie. Les tarifs différentiels appliqués aux plus grandes distances, permettent d'apporter de l'étranger le minerai sur la houillère, et la houille sur les gîtes de minerai : ils fécondent ainsi les richesses naturelles qui, isolées, ne peuvent éclore.

Enfin, les chemins de fer internationaux éteignent ou du moins diminuent les crises sur les céréales, les graines fourragères ; ils distribuent les richesses minérales de manière à alimenter le travail des populations qui, sans eux, seraient obligées de se déplacer.

Les avantages sont encore minimes. A peine deux ou trois ans se sont écoulés depuis que les chemins de fer du continent se rejoignent, que les villes de Saint-Pétersbourg, Moscou, Lisbonne, Naples, Berlin, Vienne, sont reliées entre elles et avec tous les grands ports de l'Océan. Les relations qu'un tel état de choses doit produire sont à peine soupçonnées. L'Exposition prochaine en montrera les fruits.

Un coup d'œil jeté sur l'exploitation des voies de communication dans les pays les plus actifs fera mieux ressortir ces résultats généraux.

Il est deux sortes de faits connexes avec l'Exposition Universelle : ce sont les abaissements progressifs des tarifs de transport sur diverses voies et particulièrement sur les chemins de fer, et le mouvement général de transport à l'intérieur et à l'extérieur, qui résulte de la viabilité plus ou moins avancée des divers pays du globe représentés à l'Exposition. Malheureusement les documents statistiques ne permettent, à cet égard, que des approximations.

§ 2. — France.

Transports sur les voies de terre. Chemins de fer à petite voie. — Le prix des transports sur les routes ordinaires s'est élevé ; il est aujourd'hui de 0 fr. 30 c. par kilomètre. Sur les chemins vicinaux il s'élève souvent bien au delà, surtout pour les grandes usines, à cause de l'indemnité mise à leur charge pour la réparation des chemins. Le préjudice causé par un prix aussi élevé des transports sur les routes de terre donne un vif intérêt à l'établissement des lignes ferrées, dont l'Exposition offre pour la première fois les plus intéressants spécimens. Tels sont les chemins de fer, à voies de 0ᵐ 80, 1 mètre et 1ᵐ20, des charbonnages, des gîtes et usines métallurgiques et des fabriques de sucre de betteraves. Ces chemins sont desservis par des locomotives, dont trois remarquables types sont exposés. La machine à voie de 0^m 80, du poids de 6,600 kilogrammes, construite par le Creusot; la machine à voie de 1 mètre, du poids de 19 tonnes 6, construite par la société Boigues, Rambourg et Cie, et, pour les très-fortes inclinaisons, la machine Fell, à voie de 1 mètre, avec rail central, de 21 tonnes 5, construite par M. Gouin. On sait que l'effort continu que peut exercer un fort cheval est de 50 kilogrammes, à la vitesse de 1 mètre par seconde pendant 8 heures; or, l'effort continu que ces trois machines peuvent effectuer régulièrement correspond à 22.65 et 109 chevaux, à la vitesse de 5 mètres par seconde. Ces chiffres seuls suffisent pour donner la mesure de l'économie qui résulte de la substitution des machines aux chevaux sur les chemins de fer lorsque le trafic suffit à les alimenter. Les deux premiers types ont accompli pendant plusieurs années des transports considérables, et le prix de revient de la traction d'un train n'y dépasse pas 0 fr. 35 à 0 fr. 55 par kilomètre pour la charge correspondante à leur adhérence et aux déclivités du chemin. Les autres sources de dépenses élèvent le prix de revient du transport par tonne et par kilomètre à 4 ou 5 centimes au plus, intérêt du capital non compris. C'est donc un tarif de 8 à 10 centimes par tonne et par kilomètre qui se substituera au coût actuel de 0 fr. 30, partout où ces chemins à petite voie, desservis par des machines, remplaceront les chemins vicinaux. La vitesse y sera de 15 à 20 kilomètres par heure au lieu de 4 kilomètres.

La dépense d'établissement de ces chemins varie de 20,000 à 30,000 francs par kilomètre. Celui des chemins de terre varie de 4,000 à 10,000 francs, mais leur entretien est très-coûteux, et ils cessent souvent d'être viables dans la saison humide; c'est pour cela que leur faculté de transport est très-faible, comparativement aux chemins à locomotives.

Au taux de 20,000 francs par kilomètre, il suffit d'un transport de 20,000 tonnes par an et par kilomètre (55 tonnes par jour) pour couvrir largement l'intérêt du capital. Que de foyers d'industrie et de production agricole, isolés des chemins de fer et des voies navigables ont intérêt à se relier au réseau général par un moyen si peu coûteux !

Nous citerons quelques exemples :

Le premier de ces chemins a été celui de Festiniog, en Angleterre (Caërnavon); sa voie est de 0"61 ; il a 21 kilomètres de longueur et des inclinaisons de 0,0167, des courbes de 40 mètres de rayon. Ses locomotives pèsent 7,500 kilogrammes et remorquent 50 tonnes, à la vitesse de 16 kilomètres. Il transporte des voyageurs et des marchandises. De 1862 à 1863, il fut desservi par des chevaux. L'emploi des locomotives réduisit les frais d'exploitation de 22 pour 100.

En Prusse, le chemin de Broelthal, à voie de 0"816, a 19 kilomètres 7 de longueur; il occupe une partie de la route. Ses courbes ont 37"70 de rayon. Ses machines sont à 6 roues et pèsent 12 tonnes, le rail pèse 10 kilogrammes 43.

Le chemin de fer de Commentry à Montluçon, à voie de 1 mètre, servi par des locomotives, a un mouvement annuel de 400,000 tonnes. Une de ses machines était exposée.

Le chemin de fer d'Anvers à Gand, à voie de 1"15, fait 16 trains par jour à la vitesse de 40 à 60 kilomètres et une recette de 18,600 francs par kilomètre. Il a transporté 486,874 voyageurs (1865).

Les chemins de Norwége, à 1"06 de voie, entrent dans le réseau principal de ce pays.

Le chemin de Mondalazac, à voie de 1"10, établi par la Compagnie d'Orléans, pour le transport des minerais, a des machines de 9 tonnes et des rails Vignole de 16 kilogrammes 5; ses courbes sont de 40 mètres de rayon.

Le chemin de fer qui passe sur le col du mont Cenis a 1"10 de voie. La disposition à rail central de cette voie, dont l'invention est, en France, due à M. le baron Séguier, a pris rang dans les moyens de locomotion pour la traversée des montagnes par des déclivités dépassant 45 millimètres par mètre.

Elle est encore à l'état expérimental, mais dans des conditions qui semblent en assurer le succès.

C'est donc un des progrès saillants constatés par l'Exposition que l'établissement des chemins de fer à petite voie, avec la substitution des machines locomotives aux chevaux sur ces chemins : et il y a lieu d'espérer que, mis, par leur faible coût de construction, à la portée des ressources financières des particuliers, des communes et des départements, ces chemins se substitueront aux voies de terre sur les points où les transports ont un certain degré d'activité.

Il est difficile d'estimer l'importance des transports sur les chemins vicinaux et sur les routes ; on sait seulement que la circulation des matières sur les chemins de fer est, en France, de 5,837 millions de tonnes à un kilomètre (1865). Les appréciations les plus diverses peuvent être faites sur la corrélation entre cette circulation et celle qui s'accomplit sur les routes de terre. Elle peut être de beaucoup supérieure, mais, dans tous les cas, l'économie des deux tiers du coût actuel de transport, qui, dans beaucoup de cas, serait obtenue, montre suffisamment la grandeur de l'intérêt qui s'attache aux développements des chemins de fer de cette espèce.

Les chemins à voie réduite embranchés sur les chemins à grande voie exigent le transbordement de leur chargement. Il en est de même, sur une très-grande échelle, aujourd'hui, des lignes qui ne peuvent se priver, même momentanément, de leur matériel roulant. Le transbordement de wagon à wagon coûte, au maximum, 20 centimes par tonne, ce qui équivaut à un parcours supplémentaire de 4 kilomètres. C'est une constante à mettre en balance de l'économie que présente l'établissement des chemins de fer à voie réduite.

Transport dans les villes. Voitures-omnibus. — Dans cet aperçu général des grandes entreprises de viabilité, le transport en commun dans les villes doit avoir sa place. Il est devenu un service public important, et son organisation, réglée entre les administrations municipales et l'industrie privée mérite d'être connue.

Il est facile de trouver les éléments de cette organisation dans les documents publiés par la Compagnie des Omnibus de Paris. Ils renferment les données statistiques les plus complètes, que nous résumerons ici, en prenant l'année 1866 pour base.

L'administration municipale a concédé à la Compagnie des Omnibus de Paris le droit exclusif de transporter les voyageurs en commun dans ses voitures. Elle lui assigne les lignes de circulation et le nombre des voitures qu'elle peut y mettre. Elle autorise un tarif de 30 centimes pour l'intérieur, et 15 c. à l'extérieur. Le public jouit, en outre, de la faculté de *correspondance*, qui consiste à passer d'une ligne sur une autre, sans augmentation du prix de 30 centimes. La Ville reçoit de la Compagnie une redevance annuelle, représentant le droit de stationnement (1). Le cahier des charges oblige la Compagnie à établir ses écuries dans l'enceinte de Paris, ce qui soumet aux droits d'octroi la nourriture des chevaux et relève considérablement le prix d'acquisition des terrains, ainsi que des constructions nécessaires pour les écuries et les magasins.

En 1866, la Compagnie a transporté 107,212,074 voyageurs, ou soixante fois la population de Paris, savoir : 64 millions à l'intérieur des voitures, et 43 millions sur l'impériale à l'extérieur ; 89,880,857 voyageurs seulement ont payé le tarif entier ; 17,331,217 ont profité des correspondances. La recette moyenne, par voyageur, est ainsi réduite de 0 fr. 25 c. 75 à 0 fr. 18 c. 55, et le produit moyen par kilomètre et par voyageur a été de 0 fr. 03 c. 48, c'est-à-dire inférieur de 25 pour 100 au tarif de la 3e classe des chemins de fer.

La recette moyenne, par kilomètre parcouru par une voiture, est de 0 fr. 90 centimes.

Pour effectuer ces transports, la Compagnie a mis chaque

(1) Cette redevance se calcule ainsi : 1 million pour les 500 premières voitures, et pour chacune des voitures excédant ce nombre, 1,000 francs jusqu'en 1870, 1,500 francs de 1870 à 1885, 2,000 francs de 1885 à 1910, terme d'expiration de la concession.

jour en circulation 664 voitures, parcourant chacune 91 kilomètres 538 mètres. Le parcours annuel a été de 21,971,028 kilomètres. Chaque voiture a employé 11.89 chevaux valides,
dont le parcours moyen a été par jour de 16,276 mètres. Si
l'on tient compte des chevaux envoyés dans les fermes pour
se remettre de la fatigue ou des maladies, le nombre moyen
par voiture s'est élevé à 12.23. L'effort de traction varie,
suivant l'état de l'atmosphère, entre 24 et 46 kilogrammes
par 1,000 kilogrammes de poids traîné. La voiture complète-
ment chargée pèse 3,385 kilogrammes, et demi-pleine 2,895;
de telle sorte que le travail utile journalier du cheval varie
entre 800.000 kilogrammètres, et 1,050,000 kilogrammètres
sur niveau. Il s'accroît considérablement sur les rampes.

La vitesse en marche est de 9 à 10 kilomètres, et le travail
par seconde dépasse, dans les mauvais jours, sur le macadam
détrempé ou rechargé, 75 kilogrammètres.

De là, la nécessité de cinq relais au moins par jour et par
voiture. Aucun effort semblable n'avait été demandé aux chevaux avant l'établissement des omnibus. Dans le service des
malles-poste, un cheval traînait l'été, 500 kilogrammes, et
l'hiver 350. Dans le service des messageries, le cheval traînait 800 kilogrammes l'été, et 650 l'hiver. Les chevaux d'omnibus traînent chacun de 1,200 à 1,700 kilogrammes. Cependant leur force et leur santé se maintiennent au moyen de
soins intelligents. La nourriture, dont la moitié en poids est
en avoine, varie du trente-cinquième au trente-huitième du
poids de l'animal, qui pèse de 475 à 600 kilogrammes.

L'effectif de la Compagnie pour le service des omnibus a
été, en 1866, de 8,000 chevaux. En 1867, ce chiffre a été de
9,000, à cause de l'extension qui a été donnée au service pendant l'Exposition Universelle (1), et, en y ajoutant les services

(1) La Compagnie des Omnibus a créé des lignes spéciales et détourné
plusieurs de ses lignes anciennes sur le Champ-de-Mars, pour le service de
l'Exposition. Elle a augmenté de 100 environ le nombre de ses voitures;
elle a mis à la disposition du public, d'avril à novembre, sur les lignes de
l'Exposition, 8,000 places par jour (aller et retour compris).

accessoires de banlieue et de la voie ferrée, l'effectif a atteint 10,000 chevaux. Les chevaux sont répartis dans 31 dépôts, ayant en superficie 256,890 mètres carrés, dont 82,890 mètres sont couverts de constructions servant d'écuries, de greniers pouvant contenir 170,000 quintaux, c'est l'approvisionnement d'avoine de huit mois, 400,000 bottes de paille, consommation de 48 jours, et 900,000 bottes, ou quatre mois et demi de foin.

Pour 664 voitures en service journalier, la Compagnie a dû en entretenir 1,027. Les dépenses d'entretien et de renouvellement de ce matériel sont de 1,500,000 francs par an.

Le personnel d'exploitation et d'entretien est de 4,506 individus.

L'ensemble des moyens d'exploitation se résume dans les chiffres suivants (1866) :

Établissements immobiliers, écuries, greniers....................................	19.367.000 francs.
Chevaux..	7.700,000 —
Fourrage en approvisionnement..........	1.700.000 —
Matériel roulant (voitures, harnais).......	4.120.000 —
Ateliers, outillage, rechanges, mobilier industriel.................................	3.599.000 —
Voie ferrée et son matériel d'exploitation.	2.144.000 —
Divers fonds de roulement................	2.310.000 —
Total...................	41,000,000 francs.

D'après ces chiffres, l'addition d'une voiture sur une ligne ancienne ou nouvelle exige un capital de 56,810 francs. La création d'une ligne de 20 voitures emploierait donc un premier capital de 1,100,000 francs.

La recette en 1866 a été de.............	22,156,000 francs.
La dépense de......................	20.470.000 —
Le produit net...........	1.686.000 francs.
Ces chiffres, traduits en journée de voiture, donnent pour la recette................................	83f 82c
Pour la dépense........................	78
Pour le produit net..................	5f 82c

La dépense par voiture se décompose comme suit :

Dépense du personnel	12f 74.48
Entretien et renouvellement du matériel	6 55.98
Chevaux	47 59.57
Administration, contributions et assurances	5 02.50
Rétribution à la ville	6 07.46
Total	77f 99.99

Cette faible proportion du produit net dans la recette est le trait caractéristique de l'entreprise. On n'en trouve d'exemple nulle part. Un énorme capital est ici engagé, d'un côté sur une convention administrative, de l'autre sur une direction aussi sévère qu'attentive.

Il y a ceci de très-remarquable dans les voitures-omnibus, fussent-elles au complet toute la journée et d'un bout à l'autre des lignes, l'entreprise serait en perte. C'est le renouvellement seul des voyageurs dans la même voiture, et même une fraction de ce renouvellement qui constitue son bénéfice. En effet, la contenance d'un omnibus était en 1866 de 26 places, et le nombre moyen de voyageurs par course a été de 31. Le rapport 26-31 est le même que celui des voyageurs payants au nombre total ; le complet de 26 places se traduit donc en 22 voyageurs payants, et 4 voyageurs de correspondance, de sorte que, pour une course de 6 kilomètres 5, le complet donne un produit de 77 centimes par kilomètre, tandis que, par le renouvellement, le produit est de 90c 8.

Il résulte du tracé des lignes desservies par les omnibus que les unes, celles qui traversent des quartiers peu peuplés, sont en perte, d'autres couvrent leurs frais, d'autres enfin font des bénéfices. Nous avons indiqué les chiffres moyens.

La Ville de Paris cherche à étendre les services d'omnibus, de manière à mettre tous les quartiers de Paris en communication. Elle ne pourrait obtenir ce résultat de l'industrie privée livrée à la concurrence. Celle-ci se porterait naturellement sur les lignes fructueuses, les autres seraient abandonnées. En outre, la correspondance entre les diverses lignes ne serait plus possible, et c'est par elle cependant que s'accroît journellement la distance à laquelle le voyageur est transporté.

On a vu que le produit net de cette grande exploitation est le treizième environ des recettes brutes.

C'est donc dans ces limites restreintes que s'exerce une des industries de transport les plus intéressantes par l'importance de ses résultats. L'organisation en est rigoureuse d'économie et d'activité. Elle répond au besoin essentiel de la circulation dans les grandes villes, et elle y répond de la manière la plus satisfaisante.

Transports sur les voies navigables. — Les transports effectués sur les 9,525 kilomètres de voies navigables, relevés des états des contributions indirectes, s'élèvent à 1,774,784,703 tonnes de marchandises (1864) à un kilomètre.

	Tonnes kil.
Les rivières entrent dans cet ensemble pour...	753.208.114
Les canaux pour...........................	1.021.576.589

Ce même trafic était en 1849 :

	Tonnes kil.
Sur les rivières, de.....................	722.372.223
Sur les canaux, de.....................	226.590.111

Mais la comparaison ainsi présentée est insuffisante. Dix rivières parallèles à un chemin de fer, la Seine, le Rhône, la Loire, l'Oise, la Marne, la Garonne, la Meuse, la Moselle, la Charente et l'Adour entrent dans ce trafic (1864) pour 552 millions de tonnes. En 1849, ce même trafic était de 498 millions de tonnes ; or, cette identité, en apparence si fâcheuse à quinze ans de distance, n'existe pas.

Le trafic s'est augmenté sur la Seine dans la proportion de

170 millions à 303 millions ; sur l'Oise de 8 à 50 millions, et sur la Marne de 20 à 34 millions.

Il a au contraire diminué sur le Rhône dans la proportion de 102 à 78 millions ; sur la Garonne de 39 à 19 millions ; sur la Loire de 100 à 53 millions ; sur la Meuse de 12 à 7 millions ; sur la Moselle de 4,650,839 tonnes kilométriques à 440,218 ; sur l'Adour de 6 à 4 millions.

Ces lignes navigables sont toutes en concurrence avec un chemin de fer, et il est facile de reconnaître que leur gain ou leur perte en trafic est en raison de leurs bonnes ou mauvaises conditions de navigation.

Le trafic sur les canaux était, en 1849, de 226,590,000 tonnes à un kilomètre. Il a été, en 1864, de 1,021,576,000 tonnes ; il a donc quintuplé en quinze ans.

Le canal des Ardennes a vu son trafic s'accroître, de 1849 à 1864, de 6,547,954 tonnes à 9,663,192 tonnes kilométriques ; le canal du Berry de 30 à 78 millions ; le canal du Blavet de 493,907 à 1,272,087 tonnes ; le canal du Centre de 16 à 40 millions ; le canal de Manicamp de 3 à 9 millions ; le canal de Nantes à Brest de 4 à 22 millions ; celui d'Ille-et-Rance de 2.5 à 5.3 millions ; le canal latéral de la Loire de 24 à 59 millions ; le canal du Nivernais de 4.4 à 13 millions ; les autres sont restés stationnaires.

Cette augmentation de trafic s'est accomplie régulièrement, malgré la concurrence des chemins de fer.

Cependant ces développements sont d'une lenteur extrême si on les compare à celui des chemins de fer, et cela s'explique : ils n'ont été obtenus que par l'amélioration des canaux, par l'abaissement des frais de halage qui en est résulté, et puis par la suppression des droits de navigation. A partir du moment où ces deux résultats se sont produits, le fret s'est fixé, et il ne subit plus que des abaissements insensibles. Alors les désavantages des canaux sont par les causes suivantes devenus plus apparents. On le comprendra : 1° leur lenteur : sur les voies navigables les transports s'effectuent à des distances plus grandes que sur les chemins de fer ; 2° les frais directs de transport sur les canaux les mieux organisés, ne sont pas moindres de 2 centimes par kilomètre ; 3° les frais qu'exige la marchandise arrivant par bateaux sur le lieu de consommation sont considérables : c'est à ce point qu'une différence de 2 fr. 65 par tonne de houille ne suffit pas à la plupart des industriels de Paris pour leur faire préférer la ligne navigable aux chemins de fer. Cependant cette différence correspond à près d'un centime par kilomètre sur la distance totale. On préfère recevoir sa consommation au jour le jour. Ces trois causes expliquent pourquoi les tarifs de 3.5 à 4 centimes appliqués par les chemins de fer restreignent le transport par les voies navigables des matières qui, insensibles à la lenteur du trajet, sembleraient devoir être l'aliment exclusif de celles-ci.

Sous l'influence de ces tarifs des chemins de fer, les droits de navigation ont été réduits : ils ne représentent plus que la moitié des frais d'entretien des canaux, et on demande leur suppression complète. Ce sera un allégement d'environ 5 millions de francs à répartir sur un milliard de tonnes à un kilomètre, dont le transport, à 4 centimes par tonne, représente 40 millions de francs. Mais, quelque sensible qu'il soit, cet avantage, qui place les voies navigables dans la condition privilégiée de gratuité d'usage et d'entretien des routes de terre, n'aura jamais des conséquences égales à celles des améliorations qui ont pour conséquence un accroissement de chargement des bateaux et la régularité de marche.

Il faut donc aujourd'hui que le transport par eau s'abaisse dans des proportions considérables, si on veut tirer parti des voies navigables. Il faut que cet instrument de transport soit profondément modifié dans ses conditions soit de construction, soit d'exploitation.

Les dispositions de l'Administration sont depuis longtemps connues, en ce qui concerne l'établissement des voies navigables et l'influence de leur construction première sur la dimension des embarcations, qui est le principal élément du prix de revient du transport.

Sur la Seine, entre Paris et Rouen, l'Administration veut obtenir un tirant d'eau normal de 2 mètres. Cette profondeur, jointe aux très-grandes dimensions des écluses accolées aux barrages de la rivière, y permet toutes les applications connues des moteurs mécaniques : des porteurs à vapeur, des remorqueurs, le touage à vapeur s'y sont établis. Rien ne s'oppose donc ici à l'ampleur et à l'économie des moyens d'exploitation. Mais il n'en est pas de même des canaux. Sur la ligne de navigation de la frontière de Belgique à Paris, la dimension des écluses varie, pour la largeur, entre 7^{m}60 et 5^{m}20 ; leur longueur varie entre 38 et 40 mètres. La moindre dimension fait la règle pour celles des bateaux. De là cette conséquence qu'un bateau ne peut porter plus de 250 tonnes. Ce faible chargement est l'obstacle contre lequel sont venues échouer toutes les tentatives d'application des moteurs mécaniques. Le halage par chevaux est encore le moyen le plus économique de traction ; et il n'est pas probable qu'un changement radical puisse se produire dans le prix du transport autrement que par l'accroissement des dimensions des ouvrages d'art.

Cette ligne de navigation du Nord porte près de 3 millions de tonnes de houille, et la houille est, à Paris, comme consommation de ménage et d'industrie, la matière dont le bas prix a le plus d'intérêt après celui du blé. Ne mériterait-elle pas une transformation complète, basée sur l'emploi des bateaux analogues aux *besognes* qui naviguaient autrefois entre Rouen et Paris ?

Sur toutes les autres lignes de navigation française l'Administration exprime l'espoir d'atteindre prochainement un tirant d'eau normal de 1^{m}60 ; mais la variété des écluses apporte ici encore, à l'économie de transport, un obstacle insurmontable autrement que par l'accroissement des ouvrages d'art. Sur le canal de Bourgogne, les bateaux ne peuvent excéder 5^{m}47 sur 29^{m}70 ; sur le canal du Centre, 5^{m}15 sur 27 mètres ; sur le canal de la Marne au Rhin, 5 mètres sur 38ᵐ10 ; sur le canal de Briare, 5ᵐ20 sur 32ᵐ50 ; sur le canal du Midi, 5ᵐ80 sur 37 mètres ; enfin, sur le canal du Berry, 2ᵐ70 sur 27ᵐ75. Ce sont là les dimensions des écluses.

Dans de pareilles conditions les chargements varient, suivant les canaux, entre 60 et 150 tonnes. Les transports à grande distance ne peuvent s'accomplir qu'à la condition de réduire les dimensions des bateaux à celles du plus petit ouvrage d'art à franchir. Il y a donc là une œuvre considérable à accomplir, du genre de celle qui a été effectuée sur le canal de Briare, dont les écluses ont été portées de 4ᵐ60 de largeur qu'elles avaient primitivement à 5ᵐ20 et de 27 mètres de longueur à 32ᵐ50. Et cependant, une aussi grande amélioration fût-elle réalisée, que le problème de l'application des moteurs mécaniques à la traction sur les canaux, sans laquelle toute solution économique sera incomplète, serait encore à trouver.

L'intervalle entre les dernières Expositions a vu naître l'entreprise de voie navigable la plus gigantesque entre toutes, le percement de l'isthme de Suez. La France tient le premier rang dans la pensée et dans l'exécution de ce grand ouvrage. Le fondateur a su l'attacher intimement au succès de son œuvre, par les intérêts de la civilisation ; il a su de plus faire surgir de ses ingénieurs et de ses ateliers les larges dispositions mécaniques qui, dès aujourd'hui, permettent d'envisager le résultat définitif comme prochain.

Les terrassements exigeaient l'extraction de 74,000,000ᵐ
Aujourd'hui (novembre 1867) la quantité enlevée est de.................................... 31,200,000
Chaque mois suffit à l'enlèvement de...... 1,330,000
Et les premiers mois de l'année 1868 verront l'extraction portée mensuellement, par l'emploi d'appareils nouveaux, à.................... 2,230,000

Les jetées de Port-Saïd sont à 06.0 d'avancement.

En présence du but important à atteindre, les grandes applications de l'art de l'ingénieur ont pris un essor digne de l'entreprise. Elles sont à sa hauteur.

L'Angleterre commence à comprendre que les politiques envieuses et égoïstes n'ont d'autre résultat que de faire descendre la nation qui les emploie du rang que la civilisation lui assigne en raison seulement des services qu'elle rend à l'humanité. Elle s'apprête à profiter de l'œuvre française. Elle presse l'achèvement du grand réseau des chemins de fer indiens, réseau, il faut le dire, largement et merveilleusement improvisé par elle. Elle multiplie ses communications avec l'Inde par de larges concessions aux entreprises de navigation à vapeur chargées des services postaux. Elle prépare, au moyen de grands navires à vapeur, qui pourront franchir le canal égyptien, le renouvellement annuel et régulier de son armée indienne. Elle espère éviter ainsi de payer au climat meurtrier de sa riche possession l'effroyable sacrifice annuel de 5,000 soldats européens. L'Angleterre sait le prix de l'initiative. Elle en a eu la mesure dans le succès avec lequel elle a tiré du territoire indien, par sa seule et puissante impulsion, une énorme production de coton, qui a rendu la première de ses industries indépendante de l'Amérique du Nord. Dans deux ans, peut-être, le prix de la houille aura diminué de moitié dans la mer des Indes (37 fr. 50 au lieu de 75 francs la tonne). Au moment où l'hélice et la voile réunies ont pris possession de toutes les mers pour le transport des marchandises, l'avenir de la voie navigable à travers l'isthme égyptien devient de plus en plus saillant. C'est désormais la seule route de l'Orient.

Depuis la dernière Exposition et comme conséquence de la certitude qu'offre le succès du percement de l'isthme de Suez, l'attention et l'étude se sont portées sur les moyens de joindre les deux océans Atlantique et Pacifique par une coupure de l'isthme de Panama. Mais entre la hauteur du seuil d'El-Guirsh et celle du col affaissé de la Cordillère, la différence est de 1 à 11 et la difficulté est en proportion. Le climat aussi est plus meur-trier, les populations ouvrières plus éloignées, l'installation des travailleurs plus dispendieuse, la différence des marées plus forte, les ports aussi sont à créer. Cependant l'attention est incessamment portée sur ce grave sujet. Peut-être l'Europe fera-t-elle un grand effort ; son intérêt ne peut faire l'objet d'un doute. Pour franchir l'isthme de Suez, il aura suffi d'un homme ; pour franchir l'isthme de Panama, il faudra l'initiative d'un grand État et l'union de tous.

Quant aux rivières, la décroissance considérable du trafic qui s'y manifeste depuis quinze ans, comparée à l'accroissement quintuple du trafic sur les canaux, pendant la même période, prouve assez que leur état, au point de vue de la navigabilité, doit être un des sujets les plus sérieux des préoccupations des ingénieurs.

Transports sur les chemins de fer. — L'Exposé de la situation de l'Empire résume dans les termes suivants les résultats généraux de l'exploitation des chemins de fer français :

« En 1866, la longueur moyenne des chemins de fer exploités a été de 13,951 kilomètres ; le nombre total des voyageurs s'est élevé à 89,359,162 ; leur parcours moyen à 24^{k}4, soit 3 milliards 430 millions de voyageurs, transportés à 1 kilomètre.

« En ce qui concerne les marchandises de petite vitesse, le nombre de tonnes transportées à toute distance a été de 37,269,817, et le parcours moyen de 156 kil. 6 ; ce qui équivaut à 5 milliards 837 millions de tonnes ramenées au parcours de 1 kilomètre.

« Les recettes brutes se sont élevées, pour les voyageurs, non compris l'impôt du dixième, à 188,849,486 francs ; pour les marchandises de petite vitesse à 349,183,348 francs, et pour les produits divers, soit de la grande, soit de la petite vitesse, à 83,168,204 francs. Ces chiffres représentent une recette brute totale de 621,201,038 francs ou 15,244 francs par kilomètre.

« Enfin, le tarif moyen kilométrique ressort, pour les voyageurs, à 5 cent. 5 par tête, et, pour les marchandises de petite vitesse, à 5 cent. 98 par tonne.

« Ainsi le tarif moyen des voyageurs de toutes classes, par kilomètre, représente exactement le prix légal de la troisième classe.

« Quant au tarif moyen des marchandises, il n'a pas cessé de décroître. Ce tarif ressortait, en 1865, à 6 cent. 08; il n'est plus, en 1866, que de 5 cent. 98. C'est donc une réduction de 0 cent. 10 qui, appliquée à 5,837 millions de tonnes transportées à 1 kilomètre, représente une économie de 5,837,000 francs, réalisée par l'industrie et le commerce. »

Quelques rapprochements feront mieux comprendre la part prise par les chemins de fer dans les transports et les services qu'ils rendent à la consommation et à l'industrie.

Une tonne de marchandises parcourt 156^{k}5 et coûte 9 fr. 36 de transport. En prenant pour base ce fait qu'un cheval traîne sur une route ordinaire un poids de 1,250 kilogrammes, véhicule compris, dont 750 kilogrammes de poids utile; qu'il parcourt dans sa journée 32 kilomètres; qu'il coûte, véhicule, harnais et conducteur compris, 7 francs par jour, cela représentera, pour le transport d'une tonne à 156^{k}5, une dépense de 45 fr. 65. C'est près de cinq fois le prix du transport par chemin de fer.

Le prix de la tonne de houille est de 12 à 15 francs sur la mine. Le transport à 156 kilomètres coûte 5 francs par les chemins de fer. C'est neuf fois moins que la route ordinaire; celle-ci quadruplerait le prix d'achat. Le blé coûte 225 à 380 francs la tonne. Le transport par la route ordinaire augmenterait son prix de 20 pour 100 pendant les années d'abondance, de 12 pour 100 dans les années comme celle où nous sommes. Le chemin de fer ne l'accroît que de 4 pour 100 pendant l'abondance, et de 2.5 pour 100 pendant la rareté.

Ces chiffres expliquent le développement industriel et commercial que les chemins de fer ont provoqué partout où ils ont été établis, mais ils disent aussi la nécessité pour le pays de favoriser un moyen de transport qui a de telles conséquences.

L'influence sur le trafic des améliorations que le matériel des chemins de fer a reçues dans ces dernières années se révèle par des faits significatifs. Nous signalerons le plus saillant : celui de la part que prennent les chemins de fer dans le transport des matières premières de faible valeur.

Le chemin de fer du Nord partage avec les voies navigables le transport de la houille. Le tarif est, pour les grandes distances, depuis 1863, de 0 fr. 32 par tonne. Il est de 0 fr. 06 pour les plus faibles.

Sous l'influence de ce tarif différentiel, la circulation s'est accrue en trois ans de 33 pour 100, et le tarif moyen, qui était de 0 fr 0393 en 1863, s'est abaissé, en 1866, à 0 fr. 0362, ce qui indique que les transports à grandes distances continuent à prévaloir.

Le trafic entier du chemin de fer du Nord, en marchandises, est de 6,906,134 tonnes transportées, donnant lieu à un mouvement de 805,872,339 tonnes à un kilomètre. La houille entre dans ce trafic pour 3,331,239 tonnes transportées, et pour un mouvement de 392,817,640 tonnes à un kilomètre. C'est la moitié. Quant à la recette sur les marchandises, la houille n'en constitue que les 14/34.

L'importance du trafic des matières de faible valeur apparaît sur tous les autres chemins de fer français, et c'est ce fait qui explique l'intérêt qui s'attache dans l'Exposition aux machines de grande puissance.

Ce caractère particulier des services rendus par les chemins de fer peut être encore apprécié par l'analyse des recettes du réseau des chemins de fer de l'Est, sur les transports de marchandises, montant, en 1866, à 62,390,000 francs

Produits du sol.	Végétaux et animaux..	19,200,000ᶠ	
	Minerais et métaux...	14,237,000	44,200,000ᶠ
	Combustible minéral..	10.965,000	
Produits fabriqués.......................			10.887,000
Produits exotiques.......................			3,118,000
Produits divers non classés............			3,483,000
Total................................			62,390,000ᶠ

Le sol produit donc 73 pour 100 des recettes, et le trafic le plus précieux est celui qui résulte de l'exploitation agricole et industrielle des richesses du territoire. Aussi le tarif moyen est-il de 0 fr. 5739 seulement par tonne et par kilomètre. Là est la clef de l'énorme développement que les chemins de fer ont donné au travail.

La Compagnie des chemins de fer de l'Est avait un rôle tout spécial à prendre, pour mettre les gîtes minéralogiques riches et heureusement répandus sur son réseau en communication avec les bassins houillers qui l'entourent. De ses combinaisons de tarifs pouvait dépendre la résurrection de l'industrie du fer sur un territoire où le combustible végétal était devenu d'un prix trop élevé pour rester la base de la fabrication. On lui doit de l'avoir compris et d'avoir attiré la houille et le coke vers le centre du territoire desservi par elle, tout en aidant à renvoyer le minerai à la circonférence. Des centres métallurgiques placés dans des conditions de production analogues à celles de l'Angleterre ont pu s'élever sur la Sarre et sur la Moselle, et chaque jour les bassins de la Marne et de la Meuse tendent à sortir de la situation difficile où les mettait la distance qui les sépare des gîtes houillers.

Le même fait se présente sur le réseau de l'Ouest sous une forme différente. Le trafic y est de 3,190,296 tonnes de marchandises transportées, donnant lieu à un mouvement de 452 millions de tonnes, à un kilomètre. Ce trafic consiste en :

Produits du sol.	Végétaux et animaux..	1,387,648ᵗ	
	Minerais et métaux....	680,085	2,566,718ᵗ
	Combustible minéral...	498,905	

Produits fabriqués... 269,527[t]
Produits exotiques.. 204,048
Divers, non classés... 129,943

     Total............................... 3,170,296[t]

Sur le chemin de fer de Paris à Lyon et à la Méditerranée, l'importance du transport des matières minérales ramène le tarif moyen au même taux que sur le chemin de fer de l'Est, à 0 fr. 0574.

Les trois réseaux qui desservent nos plus forts charbonnages, ceux du Nord, de l'Est et de Lyon, ont ainsi un tarif moyen de 0 fr. 053, 0 fr. 05739 et 0 fr. 05744.

Les deux réseaux qui desservent des bassins houillers moins importants, ceux d'Orléans et du Midi, et le réseau qui est privé de bassin houiller, celui de l'Ouest, ont un tarif moyen de 0 fr. 0655, 0 fr. 0673 et 0 fr. 0631.

Reste à dire un mot des abaissements de tarifs qui se sont produits depuis 1855. La comparaison suivante suffira :

RÉSEAUX.	PRIX MOYEN de transport d'une tonne à un kilomètre.	
	1855	1866
Nord....................................	6c 53	5c 30
Lyon....................................	6 93	5 739
Est.....................................	7 20	5 744
Ouest...................................	7 94	6 31
Orléans.................................	7 74	6 55
Midi....................................	7 30	6 73

§ 3. — Grande-Bretagne.

Les 21,370 kilomètres de chemins de fer exploités produisent (1865) :

    Une recette de.................... 905,000,000 francs.
    La dépense d'exploitation est de........ 435,000,000 —
    Le revenu net est de................ 470,000,000 francs.

équivalant à 4.25 pour 100 d'intérêt du capital.

Le produit kilométrique (1865) est de 42,350 francs, inférieur, par conséquent, à celui des chemins de fer français, qui est de 45,244 francs.

Les chemins de fer ont transporté 251,960,000 voyageurs, soit 11,800 par kilomètre. La troisième classe entre dans ce chiffre pour 151,416,000 voyageurs. Les chemins de fer français ont transporté 6,400 voyageurs par kilomètre.

	Par kilomètre.
En Angleterre, les tarifs moyens sont pour l'express 1re classe	0f 17
Pour l'express 2e classe	0 12
Trains ordinaires, 1re classe	0 13
— 2e —	0 093
— 3e —	0 0572

Il y a loin de ces tarifs au prix moyen payé en France de 0 fr. 055 par kilomètre, et pourtant un Anglais fait 8 voyages 25 en chemin de fer, tandis qu'un Français n'en fait que 2.4.

Les chemins de fer anglais ont transporté (1864) 35,475,647 tonnes de marchandises et 76,657,440 tonnes de houille, coke et minerais, ensemble 112,133,087 ou 5,200 tonnes par kilomètre. En France, ils ont transporté 37,269,877 tonnes, soit 2,660 tonnes par kilomètre. Ces chiffres indiquent mieux que toute autre statistique la proportion des richesses du sol et de l'activité dans ces deux pays.

On peut être surpris que les chemins de fer anglais, servant au déplacement d'un plus grand nombre de voyageurs et de marchandises que les chemins français, et ayant des tarifs beaucoup plus élevés, produisent moins, en recette kilométrique, que les chemins français. Cela s'explique par la distance moyenne parcourue par les voyageurs et les marchandises. Si on divise le nombre des voyageurs et des tonnes de marchandises par la recette, on trouve pour le produit d'un voyageur, en Angleterre 1 fr. 66, en France 2 fr. 10; pour le produit d'une tonne de marchandises, en Angleterre 4 fr. 15, en France 9 fr. 36.

La proportion des recettes par kilomètre pour les diverses contrées de la Grande-Bretagne était (1864) :

Pour l'Angleterre . . . . 50,095 francs.
— l'Ecosse. 27,868   —
— l'Irlande . . . . 13.696   —

        Ensemble . . . . , ... 41,330 francs.
Et en 1866 . . . . 42,350 francs.

Nous avons vu qu'en Angleterre, le transport de la houille et des minerais par les chemins de fer était double de celui des autres matières : 75,445,781 tonnes contre 34,914,943 tonnes (1864). C'est presque le contraire quant au produit : 15,883,277 fr. 76 contre 28,385,900 fr. 32.

De 1859 à 1864, le mouvement de la houille et des minerais s'est accru dans la proportion de 51 à 75; celui des autres marchandises, dans le rapport de 27 à 35.

L'importance considérable du transport des charbons et des minerais et la crainte d'encombrer les voies par des trains lents et pesants ont forcé à donner une allure rapide aux trains chargés de ces matières. Ils sont donc légers. La configuration du sol et l'absence de fortes et longues déclivités facilitaient cette solution au moyen de machines relativement peu puissantes, et c'est là la cause pour laquelle on ne voit point, en Angleterre, des machines à huit roues couplées. Mais les tarifs de transport sont beaucoup plus élevés qu'en France.

C'est ici le lieu d'examiner s'il s'est produit quelque différence dans les tarifs de transport, suivant que l'exploitation des chemins de fer a été gardée par l'État ou confiée aux compagnies.

Il semblerait au premier coup d'œil qu'on ne peut, dans l'exploitation, séparer la tarification du système financier auquel l'établissement d'un chemin de fer est dû. On suppose que si le capital d'établissement est rémunéré directement sur le prix du transport, le tarif doit être plus élevé que si l'État exploitant prélève sur l'impôt le revenu du capital consacré à la construction du chemin ; or, ce fait ne s'est pas encore produit.

L'exploitation des chemins de fer par l'État ou par les particuliers ne présente pas de différence quant aux tarifs, parce qu'aucun gouvernement n'a consenti encore à sacrifier le revenu du capital engagé dans la construction des chemins de fer.

Cependant, le choix du système se résout en une question d'avoir ou de ne pas avoir ces voies de communication, car il est patent que, jusqu'à ce jour, les besoins politiques des gouvernements ont limité l'application du produit de l'impôt aux travaux publics.

En Angleterre, le procédé généralement appliqué pour l'établissement des diverses voies de communication qui constituent la viabilité du territoire a été de laisser aux capitaux le droit d'en tirer un revenu, à la charge de les entretenir et de les exploiter suivant un tarif maximum. Ce pays est cependant sorti radicalement de ce système pour l'établissement des chemins de fer dans les Indes. Les compagnies y jouissent d'une garantie d'intérêt sur le capital qu'elles dépensent, à charge de partager le revenu avec le gouvernement au delà de cet intérêt.

En France, l'usage des routes est gratuit, et celui des voies navigables l'est en grande partie. Il va l'être complétement dans peu. De plus, le système des garanties d'intérêt et des subventions appelle l'épargne privée à l'établissement des chemins de fer.

Les États-Unis d'Amérique ont commencé par imiter l'Angleterre ; mais ils entrent, pour certaines lignes, dans le régime des subventions.

Les divers pays du continent ont pris modèle sur la France. Beaucoup ont même été au delà, en mettant les chemins de fer à la charge de l'État. Toujours est-il qu'à l'exception d'une tentative récente faite par la Belgique, et sur laquelle on ne peut se prononcer, c'est la France qui a le mieux réussi : ses tarifs moyens sont les plus bas.

Les tarifs des chemins de fer sont, aux États-Unis d'Amérique, plus élevés qu'en Europe; mais la complète liberté laissée aux entreprises de traiter avec les particuliers pour le prix du transport ne permet pas de préciser la différence.

Dans l'ancienne Prusse, l'exploitation des chemins de fer se répartissait comme suit entre l'État et les compagnies (1864) :

Chemins construits et exploités par l'État.	1,601	kilomètres.
Chemins construits par les Compagnies et exploités par l'État...................	1,414	—
Chemins construits et exploités par les Compagnies................................	3,420	—
Total..................	6.436	kilomètres.

Sur la dépense d'établissement montant à 1,676 millions de francs, l'État avait contribué pour 395 millions.

Dans les 1,618 kilomètres ajoutés à ce réseau par les annexions, les divers États entraient dans la construction et l'exploitation pour une part importante.

Les résultats de ces deux systèmes présentent une identité à peu près complète : même coût de construction, mêmes tarifs, mêmes produits et dépenses.

La recette moyenne par kilomètre a été de 37,460 francs (en France, 45,244 francs).

Les tarifs moyens de la Prusse sont plus élevés que les tarifs français. Le gouvernement prussien retire un produit net de 19,000 francs par kilomètre, soit 7 3/4 pour 100 du capital d'établissement.

La comparaison des services rendus par les chemins de fer des divers pays peut s'établir par le nombre moyen de kilomètres de parcours effectués par les trains sur un kilomètre de longueur exploité. Nous donnons ces chiffres pour 1863 :

	Par an.	Par jour.
Angleterre	9,453 trains.	24k 85
France	8.483 —	23 22
Hollande	5,328 —	14 60
Prusse	5.296 —	14 48
Italie	5,095 —	13 90
Petits États d'Allemagne	4.400 —	12 05
Suisse	4,187 —	11 45
Russie	3,548 —	9 70
Autriche	3,489 —	9 53
Espagne	2,780 —	7 61
Suède	1,772 —	4 85

La faible supériorité de l'Angleterre sur la France n'est qu'apparente, en ce sens que les trains français sont plus chargés et leurs tarifs plus bas.

§ 4. — Autres pays.

Dans la *Confédération allemande du Nord*, 45,300,000 voyageurs ont monté en chemin de fer. En France, 89,359,162. Pour les marchandises, la Confédération a transporté 36,887,000 tonnes, et la France 37,269, 817; mais sur les chemins de fer allemands, une tonne de marchandise ne parcourt en moyenne que 70 kilomètres; en France, elle en parcourt 152; de telle sorte que le service rendu s'exprimera, pour les chemins de fer de la Confédération, par 2,580 millions de tonnes kilométriques, et pour les chemins français, par 5,837 millions de tonnes kilométriques.

La production minérale de la Prusse a pris, dans ces dernières années, un développement considérable, grâce aux chemins de fer. Elle a été, en 1866, de 2,233,461 tonnes de minerai de fer, valant en moyenne 7 fr. 75 la tonne. La haute teneur de ce minerai, dont la moyenne est de 50 pour 100, tandis que le rendement moyen des minerais français est d'environ 36 pour 100, lui permet le transport à grande distance, et il est probable qu'à titre de mélange avec ses minerais, la

France tirera des chemins de fer internationaux sur l'Allemagne de grands avantages pour sa métallurgie.

Autriche. — Les services que les chemins de fer rendent à l'Autriche ont un caractère plus tranché encore, au point de vue du transport des produits du sol. Le revenu est de 29,500 francs par kilomètre. Les voyageurs y entrent pour 7,400 francs et les marchandises pour 22,100 francs. L'Autriche est riche en matières minérales qui, pour se répandre sur son vaste territoire, ont à parcourir de longues distances. Sa production minérale dépasse 700 millions de francs.

Mais au point de vue international, l'intérêt de ses chemins de fer devient de premier ordre. En 1864, la Hongrie a répandu dans toute l'Allemagne, l'Italie, la Turquie et la Suisse, 215,000 tonnes de grains, au prix de 12 fr. 50 l'hectolitre (15 fr. 60 les 100 kilogrammes).

Par suite de la proportion considérable du trafic des matières sur celui des voyageurs, l'exploitation est relativement économique. Le produit net est de 17,120 francs par kilomètre, et les dépenses de 41 pour 100 de la recette totale.

Les tarifs sont beaucoup plus élevés qu'en France.

Suède. — Le gouvernement suédois exploite ses 1,036 kilomètres de chemins de fer avec une grande économie. La recette moyenne est de 5,560 francs par kilomètre ; la dépense d'exploitation 3,310 francs. Le produit net est de 2,250 francs ; il équivaut à 2.18 pour 100 du capital d'établissement. On peut juger par ces chiffres du degré d'élasticité que présentent les chemins de fer comme instrument de transport.

Norwége. — Quatre chemins de fer, d'ensemble 292 kilomètres, à voie de 1ᵐ067, sont exploités en Norwége. Le mouvement y est de 1,042,521 tonnes et de 87,364 voyageurs à un kilomètre. La dépense varie de 4,300 à 2,000 francs par kilomètre ; elle est couverte par les recettes. Ces chemins entrent à peine en exploitation. Le train produit de 2 fr. 30

à 2 fr. 76, et coûte de 1 fr. 97 à 2 fr. 82, suivant les déclivités. C'est un des spécimens les plus intéressants sur lesquels l'Exposition aura attiré l'attention.

Nous devons une mention spéciale aux ingénieurs qui, depuis la dernière Exposition, ont concouru par d'utiles publications à étendre les connaissances relatives aux chemins de fer. M. Perdonnet, de si regrettable mémoire, a mis avant de mourir la dernière main à son utile traité, qui est l'œuvre la plus étendue sur cette matière.

Le livre de M. Brame, ingénieur en chef des Ponts et Chaussées, sur les signaux, aura pour la sécurité publique les plus utiles conséquences. Il est désirable que ce travail soit continué et que chaque nouvelle et utile application dans ce genre soit immédiatement livrée à la publicité. L'ouvrage de M. Goschler, sur l'entretien et l'exploitation, contribuera à former le personnel aux bonnes habitudes. Il importait de donner à chacun des agents les notions d'ensemble et de détail qui les rendent aptes à la fonction qu'ils ont à remplir.

Le livre de M. Couche, ingénieur en chef des Mines, sur le matériel roulant, est ce que l'on devait attendre d'études scientifiques incessantes, jointes à un vaste champ d'expérience. Les ingénieurs, les mécaniciens, les constructeurs et les chefs d'atelier qui s'occupent du matériel se comptent aujourd'hui par milliers; il leur faut des livres spéciaux d'instruction technique, où les applications soient savamment triées et clairement exposées.

Les derniers jours de l'Exposition ont vu paraître le livre de M. Jacqmin, ingénieur des Ponts et Chaussées, sur l'exploitation des chemins de fer. C'est l'exposé complet de l'ensemble de cette grande industrie, considérée aux divers points de vue qui intéressent la société tout entière : les hommes qui dirigent ou contrôlent les services publics, et les agents principaux de ces services. Ce livre était indispensable pour la propagation des idées saines, qui doivent servir de lien entre l'industrie exploitante et l'intérêt public ; ce dernier a sa voie et doit l'imposer à l'autre, mais l'industrie, loin d'attendre l'impulsion dans cette direction, doit la donner par son activité et son savoir faire. Elle sait mieux que personne la force de l'instrument qu'elle a dans la main et les moyens d'en tirer parti à l'avantage général.

Pour terminer sur ce point, appelons l'attention sur l'importance des publications de chacune des compagnies de chemins de fer, en ordres de services techniques, dessins, rapports et études, qu'une distribution libérale apporte incessamment aux hommes engagés directement dans cette industrie. Ainsi se produit un échange d'études sanctionnées par l'expérience, sur des faits qui intéressent immédiatement l'art d'exploiter les chemins de fer ; elles propagent vite ce qui est utile, et donnent à la marche du progrès dans la construction et dans l'exploitation la sécurité, sans laquelle l'expérience coûterait trop cher.

Nous avons exposé les faits principaux concernant la viabilité des divers pays qui ont figuré à l'Exposition Universelle. Celle-ci n'est pas seulement le reflet des progrès de cette viabilité : on peut affirmer qu'elle en est la conséquence à peu près directe. Ce sont les chemins de fer qui ont donné au travail individuel et collectif l'élan dont elle est la preuve. On peut dire de toutes les Expositions que la dernière a toujours été la plus utile, mais on dira de l'Exposition de 1867 que, si elle a, sous ce rapport, dépassé toutes les autres, elle le doit au progrès de la viabilité.

Quelque découverte qui puisse être faite dans l'industrie et dans les arts, il n'y en a pas qui vaille celle qui a abaissé de 4 à 1 le prix du transport de toutes choses, en augmentant la vitesse dans le rapport de 1 à 5.

Il y a dix années au plus que ce nouvel état de choses exerce son influence sur l'industrie générale, et déjà l'Exposition Universelle nous montre une égalité, menaçante pour les uns, consolante pour les autres, providentielle pour tous, dans les moyens de production. C'est comme une abondance qui monte et qui doit enrichir l'humanité sur tous les points du globe. A voir l'ardeur qui nous entraîne et qui nous unit, pour améliorer demain ce qui a été fait hier, qui douterait du mieux qui va suivre, et n'aurait confiance dans ce que l'avenir prépare?

VOIE ET MATÉRIEL FIXE DE LA VOIE

Par MM. Eugène FLACHAT et de GOLDSCHMIDT.

—

CHAPITRE I.

ÉLÉMENTS ET COMPOSITION DE LA VOIE.

—

Rails en fer et en acier. — Composition de la voie. — Traverses.

Rails en fer et en acier. — En 1855, après sept années d'expérience sur la constitution de la voie des chemins de fer, on était encore dans l'incertitude sur le meilleur mode de fabrication des rails, sur le meilleur procédé de conservation des traverses, sur la forme du rail ainsi que sur ses attaches aux traverses. Le rapport du Jury de l'Exposition Universelle de 1855 constatait dans la fabrication des rails l'insuffisance du corroyage pour souder parfaitement les barres qui entrent dans la composition du rail. Quant à la composition de la voie, il ne restait plus de dés en pierre ; du moins les derniers vestiges en disparaissaient. Le rapport constatait aussi l'abandon croissant du rail Brunel porté sur longrines. Il émettait un doute sur le mérite du rail Barlow, et il préconisait l'éclissage des rails qui commençait. Il signalait l'efficacité du procédé Boucherie pour la conservation des traverses en hêtre, injectées de sulfate de cuivre. En 1862, sept ans plus tard, et après quatorze ans d'expérience, l'Exposition Universelle de Londres constatait de grands progrès accomplis, mais aussi des incertitudes persistantes sur les mêmes points. Le procédé de fabrication des rails s'était perfectionné par l'exclusion du squeezer, par l'emploi du pilon avant le laminage et par un meilleur choix des minerais de fer; mais l'inefficacité du corroyage subsistait encore.

Cependant les fabricants acceptaient pour leurs rails la responsabilité de plusieurs années de service sans altération de la table de roulement; les limites de résistance à la rupture stipulées dans les cahiers des charges s'étendaient de plus en plus.

L'acier puddlé et l'acier Bessemer se montraient timidement dans les changements de voie. La période expérimentale commençait, cependant, de l'acier fabriqué par ces deux procédés. L'emploi du rail Vignole sur traverses s'était généralisé en Allemagne, en Russie, en Espagne et en Italie ; il se répandait en France; mais le rail à double champignon continuait à y prévaloir. En Angleterre, ce dernier type était presque exclusivement employé. L'éclissage s'était étendu avec un succès continu à ces deux rails. La forme du rail Vignole s'était améliorée en hauteur et aussi en largeur de base. Des voies anciennes ou trop faibles en rails à double champignon avaient été renouvelées en rails Vignole renforcés. Le rail Barlow avait échoué par vice de fabrication, par son instabilité sur le ballast, par le relâchement des rivures aux joints et par la difficulté de l'entretien de la voie. La construction des voies sur longrines avait aussi à peu près complétement disparu. Des voies métalliques, composées de rails portés sur des cloches ou supports isolés en fonte, avaient été largement employées à l'étranger, mais ne s'étaient pas répandues sur le continent. Cependant l'usure des rails se manifestait déjà sérieusement. Le poids du matériel roulant s'accroissait progressivement. Les voitures devenaient plus spacieuses et plus résistantes; la charge des wagons était portée de 6 tonnes à 10 ; le poids des locomotives atteignait 6,

5 tonnes sur chaque roue motrice, et la vitesse s'accroissait dans des proportions inespérées. Les rails à double champignon étaient, par suite de leur faible dureté, rapidement altérés à leur point de contact sur le coussinet, ce qui abrégeait beaucoup leur durée après le retournement. Les rails en acier se montraient de plus en plus dans les changements et les croisements de voie.

Quant aux traverses, l'impossibilité d'étendre le procédé Boucherie à d'autres essences que le hêtre avait donné naissance à d'autres moyens d'injection des bois d'essence blanche par le vide et par la pression ; on ignorait les phénomènes d'endosmose qui amènent le départ des matières conservatrices, et l'oxydation rapide des attaches en fer des rails aux traverses injectées de sulfate de cuivre.

De 1862 à 1867, l'état des choses s'est fortement modifié. Quant à la forme du rail, le choix est plus tranché. Les Compagnies de Lyon, du Nord et de l'Est ont adopté le rail Vignole. Les Compagnies de l'Ouest et du Midi ont adopté le rail à double champignon. La Compagnie d'Orléans a adopté ce dernier type sur les lignes à grand trafic et le rail Vignole sur les lignes secondaires.

Le coussinet des joints ne se retrouve plus que dans les gares des anciennes lignes. Le coussinet à éclisses ne se propage pas. L'éclisse en porte-à-faux s'étend très-rapidement. Malgré ces progrès, l'usure des rails a pris des proportions considérables. Toutes les lignes anciennes sont entrées dans la période du renouvellement, et plusieurs d'entre elles ont déjà renouvelé deux fois les parties les plus fatiguées par une circulation fréquente et rapide des trains lourds, rendus plus rigides par de meilleures dispositions d'attelage. Aux abords des grandes villes, Londres et Paris, les rails ont dû être remplacés après trois années de service. De nouvelles nécessités se sont d'ailleurs produites dans l'établissement des chemins de fer : la jonction des vallées séparées par des plateaux élevés et la traversée des montagnes ont exigé de fortes déclivités, sur lesquelles l'usage continu du frein est indispensable pour modérer la vitesse de descente, tandis que, pour les gravir, il faut donner aux machines une puissance, et partant un poids considérable. Les rails n'avaient pas encore été soumis à ces dures épreuves. Le Guadarrama, les Pyrénées, les Apennins, les Alpes au Sömmering et au Brenner, les Alpes Maritimes, le Cantal et un grand nombre de faîtes secondaires ont été franchis, et l'expérience démontre que la qualité supérieure des rails y est indispensable.

C'est à partir de 10 millimètres que les pentes exigent l'action continue des freins. En voici l'importance pour la France.

TABLEAU des inclinaisons supérieures à 10 millimètres, sur les chemins français et sur quelques chemins étrangers.

DÉSIGNATION des CHEMINS.	LONGUEURS EN KILOMÈTRES ET PENTES EN MILLIMÈTRES.						
	10 à 15.	15,1 à 20	20,1 à 25	25,1 à 30	30,1 à 35	40,1 à 45	Totaux.
	kilom.	kilom.	kilom.	kilom.	kilom.	kilom.	kilom.
Orléans.......	991	162	18	22	26	»	1,219
Midi..........	123	43	»	»	22	»	188
Paris-Lyon-Méditerranée..	411	22	»	10	»	»	443
Est (1)........	265	23	17	»	»	»	305
Ouest.	232	9	»	»	2 (3)	»	233
Nord	17	5	»	»	»	3(2)	25
	2,039	264	35	32	50	3	2,421
A L'ÉTRANGER.							
Espagne (5)...	385	110	3	»	»	»	523
Autriche (4)...	80	25	75	»	»	»	180
	2,504	399	141	32	50	3	3,124

(1) Y compris la ligne du Luxembourg.
(2) Ligne d'Enghien à Montmorency.
(3) Ligne de Saint-Germain.
(4) Y compris le Brenner.
(5) Nord de l'Espagne.

C'est sans doute un fait considérable que déjà un sixième de l'étendue du réseau exploité en France se compose de déclivités où l'emploi continu du frein est nécessaire pour modérer la vitesse de marche, mais l'utilité de l'établissement de voies en rails moins altérables par l'usure n'est pas là seulement. On peut même dire que, quant à présent, ce fait, qui prendra certainement de la gravité, n'a eu qu'une influence médiocre sur les modifications radicales qui s'accomplissent par rapport à la qualité demandée aux rails. En effet, on cherche dans le renouvellement un accroissement de dureté de la surface de roulement, mais, en outre, un accroissement de résistance du rail et de rigidité de la voie. On veut, en conséquence, substituer, sur les lignes de grande circulation, des rails en acier aux rails en fer et donner, même aux rails en acier, des dimensions plus fortes.

Il est reconnu que la circulation des trains à grande vitesse, sur des lignes actives comme celle de Paris à Marseille, amène une usure rapide des rails, et que, en outre, il y a avantage, en cas d'accroissement de vitesse, à rendre la voie plus rigide en augmentant le poids du rail et le nombre des traverses. La voie du chemin de fer de Lyon a été cependant, dès l'origine, des plus solidement constituée, autant par les dimensions que par le choix des matériaux qui la composent et la bonne qualité du ballast. Sur cette ligne, comme sur toutes celles dont le temps et les soins d'entretien ont consolidé la base, la fixité de la voie est devenue telle qu'il ne se produit plus de déraillements résultant de l'imperfection de l'assiette des voies ou du défaut de qualité des matériaux qui la composent. Cependant, la Compagnie du chemin de fer de Lyon se décide à remplacer les deux voies entre Paris et Marseille par des rails en acier Bessemer de 40 kilogrammes, au lieu de rails en fer de 37 kilogrammes, et elle est largement entrée dans cette voie par une commande de 20,000 tonnes. Il lui en faudrait près de 140,000 tonnes pour la ligne entière.

Le rail d'acier Bessemer adopté par la Compagnie de Lyon a 0^m130 de hauteur et 0^m130 de largeur de patin. Le corps a 0^m016 d'épaisseur; le champignon, 0^m06 de largeur. Les surfaces de contact des éclisses sont suivant un angle de 55°8 dont le sommet est à 0^m058 de l'axe vertical et à 0^m057 de hauteur du dessous du patin; la base d'appui sur le sol de la nouvelle voie est augmentée d'une traverse par rail; l'éclissage est également renforcé. Rien n'est négligé pour obtenir la voie la plus solide.

La Compagnie d'Orléans emploie le rail en acier Bessemer, pour la traversée du Cantal, avec une huitième traverse en plus sous le rail de 6 mètres; il y a des déclivités de 0^m030 et des courbes de 300 mètres dans le tracé. La Compagnie du Midi fait de même sur la rampe de Montrejeau. La Compagnie des chemins de fer de l'Ouest vent renouveler ses voies aux abords de Paris, depuis Colombes, sur sept kilomètres, et sur le chemin d'Auteuil, en rails d'acier Bessemer. La Compagnie du Nord a fait, cette année, une commande de 3,000 tonnes de ces rails dans l'intention de les placer entre Paris et Creil, par Chantilly. La Compagnie d'Orléans a renouvelé la voie descendante de la rampe d'Étampes, partie en rails d'acier, partie en rails cémentés seulement sur la table de roulement.

En somme, 28,000 tonnes de rails en acier Bessemer ont été commandées dans les sept premiers mois de l'année 1867.

La production totale de l'acier Bessemer avait été :

En 1863	de	1856 tonnes.
— 1864	—	6650 —
— 1865	—	9751 —
— 1866	—	10790 —

Cette dernière quantité comprend 3,687 tonnes de rails d'acier Bessemer à joindre aux 28,000 tonnes commandées cette année. Ces 31,687 tonnes de rails correspondent à un renouvellement de 400 kilomètres de voie simple. Mais la seule part de la Compagnie de Lyon, qui entre dans ce chiffre pour 350 kilomètres de voie à renouveler immédiatement de cette manière, est le fait principal à considérer. Il est vrai que la ligne dont il s'agit appartient à celui des six anciens réseaux français qui est le plus chargé de trafic. Le produit kilométrique y est de 77,000 francs (1866), tandis que les autres vont en décroissant de la manière suivante : Nord, 76,000 (1); Ouest, 64,600; Est, 52,800; Orléans, 46,000; Midi, 43,500. Ces chiffres de recettes kilométriques ne sont pas l'expression complète de la circulation qui s'accomplit sur les parties du réseau, sur lesquelles il est question de placer des rails en acier. L'ancien réseau de Lyon a 2,012 kilomètres d'étendue, et la ligne principale de Paris à Marseille en a 863; la recette y doit certainement dépasser 100,000 francs par kilomètre.

Sur le réseau du Nord, la ligne de Paris à Amiens; sur celui de l'Est, la ligne de Paris à Epernay; sur l'Ouest, la ligne de Paris à Rouen, qui sont de minimes fractions de ces réseaux, approchent ou dépassent ce rendement kilométrique.

On peut en conclure que l'intérêt immédiat du renouvellement en rails d'acier Bessemer ne semble pas s'étendre, en voie simple, à plus de 2,000 à 3,000 kilomètres, sur les 22,000 kilomètres de longueur de voie simple qui constituent le réseau actuellement exploité, et il faut s'attendre à ce que, dans cette limite, nos usines suffisent pleinement à cette transformation. Mais là ne s'arrête pas l'intérêt. L'abaissement progressif du prix de l'acier Bessemer donne l'espoir qu'il pourra atteindre dans peu d'années le prix de fabrication des rails en fer. La simplicité, au moins apparente, du procédé fait espérer ce résultat. Il évite la longue et dispendieuse élaboration du corroyage, qui fait du rail plutôt un faisceau de parties disposées à se séparer sous l'influence des

____

(1) Ancien et nouveau réseau.

changements de forme provoqués par le service, qu'un tout homogène comme l'acier provenant de la fusion.

Si on en croit les témoignages qu'apporte l'Exposition, quant à la fabrication des rails en acier, l'éventualité que nous indiquons ici n'est peut-être pas éloignée, et l'acier pourrait être demandé pour les parties de l'ancien réseau, où la durée des rails ordinaires ne dépasse pas douze années. Cherchons donc l'intérêt qui s'attache à la question ainsi envisagée. Il importe, en première ligne, de connaître la valeur du capital engagé en rails dans le réseau français. Ce réseau se composait, fin 1866, en chemins de fer à double voie, de 7,465 kilomètres, soit en simple voie. . . . . .   14,929,592 mèt.

Le réseau de chemins à simple voie était de   7,036,271 —

$$\text{Ensemble . . . . . . } 21,965,863 \text{ mèt.}$$

Si on ne tient pas compte des gares et garages et des parties à trois et à quatre voies, qui peuvent être estimées approximativement à 10 pour 100 du chiffre ci-dessus, on pourra supposer, par compensation, le poids moyen des rails en France à 37ᵏ5 par mètre linéaire, soit 75 kilogrammes pour le mètre courant de voie, et le poids total sera alors de 1,647,432 tonnes.

La statistique donne les quantités de rails entrées dans la consommation du pays depuis 1855. Ce qui existait auparavant doit aussi entrer en compte. Il existait, en 1855, 9,553 kilomètres de voie simple, qui, à 60 kilogrammes par mètre courant, représentaient . . . .   573,180 tonnes.

De 1855 à 1860 inclusivement (6 ans), les rails livrés à la consommation intérieure furent en poids de. . . . .   864,368 —

De 1860 à 1866 inclusivement (6 ans), en poids . . . . 1,041,324 —

$$\text{Total . . . . } 2,478,872 \text{ tonnes.}$$

Si l'on déduit le poids que représentent
les voies actuellement posées. . . . . . . 1,647,432 tonnes.

il reste approximativement pour le renouvellement des voies . . . . 831,448 tonnes,
qui correspondent à 11,000 kilomètres de voie simple sur
22,000 qui existent aujourd'hui. C'est la moitié. Dans ce calcul
n'entre pas la quantité de rails fournis de 1839 à 1855, pour
la transformation des voies composées de rails du poids de
20 à 30 kilogrammes en rails plus lourds, ni la quantité employée en renouvellement pendant la même période.

Au dire des journaux techniques, le *London and North-
Western* a maintenant 150 kilomètres de voie renouvelés en
rails d'acier, et la substitution de l'acier au fer serait arrêtée
en principe pour les rails de tout le réseau de 4,000 kilomètres.

La durée des rails est extrêmement variable. Une statistique
très-détaillée, remontant à l'origine des chemins de fer, pourrait seule fournir des chiffres exacts ; elle serait facile, tant les
archives et la comptabilité des Compagnies présentent d'ordre
et de régularité pour les travaux de ce genre. A défaut, le
rapprochement qui précède suffit à démontrer l'importance
de la question.

Au prix actuel de 210 francs la tonne, il entre actuellement
une valeur en rails de 386 millions de francs dans le réseau exploité. Il en est entré, en outre, depuis 1855, dans le renouvellement pour 175 millions de francs, et, comme les rails posés
depuis cinq ans n'ont sans doute pas été renouvelés, il faut admet-
tre que cette somme ne s'applique qu'au réseau posé antérieu-
rement à 1861, c'est-à-dire à 5,000 kilomètres de chemins
de fer exploités alors. En séparant de la fabrication annuelle
de 150,000 tonnes de rails 70 à 80,000 tonnes pour les 920
kilomètres dont le réseau s'accroît en moyenne, il reste-
rait pour le renouvellement une quantité égale, ayant une
valeur de 15 à 16 millions. Il faut y ajouter la dépense de dé-
pose et de repose des voies, toujours délicate et dispendieuse

en cours de service, et, en outre, le renouvellement de certains accessoires de la voie. Mais il faut en déduire la valeur des vieux rails. Elle est de plus de moitié des rails neufs. Tout compensé, le renouvellement du réseau français actuel ne peut guère être estimé à moins d'une annuité de 20 millions.

Lorsque les 6,544 kilomètres de voie restant à poser au 31 décembre 1866 seront terminés, la longueur totale de voie simple sera de 32,000 kilomètres. Les matériaux composant cette voie ont une valeur actuelle de 25,000 francs par kilomètre, auxquels il faut ajouter 5,000 francs pour les appareils fixes non compris dans le prix ci-dessus. C'est donc une valeur de 900 millions engagée, qui, par l'altération provenant de l'usure, peut perdre moitié de son prix. Ces chiffres démontrent l'utilité, sinon l'urgence, d'accroître la durée d'emploi du métal, comme de tous les autres éléments entrant dans la composition de la voie des chemins de fer.

On peut faire le compte de cet intérêt :

La voie neuve valant	25,000 fr. par kilom.	900,000,000 fr.
La voie hors de service, valant	9,500 fr. —	304,000,000 —
Il reste	15,500 fr. ou par kilom.	596,000,000 fr.

L'annuité de reconstitution serait dans ce cas :

		Par kilom.	Pour le réseau.
Mise hors de service en	12 ans	973 fr. 74	31,159,000 fr.
—	15 —	718 32	22,986,000
—	20 —	468 76	15,000,000

Quant à la durée des rails en acier, sera-t-elle double, triple de celle des rails en fer ? La rigidité de la voie apportera-t-elle une réduction sensible dans les frais d'entretien ? Permettra-t-elle un accroissement sensible de vitesse sans mouvement de lacet ? Ce sont là des questions qui reposent plutôt sur des espérances légitimes que sur des convictions.

Ce n'est pas que dans la fabrication des rails en fer d'importants progrès ne se réalisent chaque jour, soit par un choix de minerais meilleurs, par un triage attentif des qualités des fontes, un affinage plus épurateur, un traitement très-énergique au marteau-pilon. Le fer n⁰ 1 amené ainsi à supporter une température plus élevée ; un nouveau triage de ce fer pour la composition du paquet et pour la fabrication des couvertes ; au réchauffage, une température plus élevée; un second traitement au marteau-pilon et le passage au laminoir réduit au nombre de cannelures nécessaires pour donner la forme définitive: ces méthodes de travail ont produit des rails plus durs, plus homogènes, mieux soudés et, en général, un fer beaucoup plus pur.

On peut tirer des données fournies par l'Exposition les conclusions que nous allons résumer touchant la supériorité du rail en acier sur le rail en fer. Les fontes spéciales traitées dans l'appareil Bessemer peuvent produire, par la fusion, le laminage et le martelage des rails en fer aciéreux dont, à formes identiques, la ténacité est de 60 à 70 pour 100 au-dessus de celle des rails en fer ordinaire. La rigidité et l'élasticité sont supérieures dans le même rapport. La régularité dans la fabrication est, au contraire, jusqu'à ce jour beaucoup moindre. Elle est l'obstacle sérieux à l'extension de l'application des rails en acier Bessemer, parce qu'elle est la cause principale de l'élévation du prix. En France, la fabrication des rails en acier Bessemer exige, en général, pour la préparation de la fonte, le mélange de minerais étrangers aux minerais du pays ; mais le bas prix des minerais du pays compense largement ce désavantage. Les minerais du midi de la France commencent à entrer en lice avec ceux de l'étranger qui produisent les meilleurs aciers Bessemer ; ils contribuent à l'abaissement des prix. Toujours est-il que les usines françaises fabriquent aujourd'hui le rail en acier Bessemer à un prix qui ne permet pas la concurrence des usines étrangères.

L'amélioration de la table de roulement des rails est aussi recherchée au moyen de la substitution de l'acier au fer dans le champignon supérieur du rail Vignole. L'Exposition offre, à cet égard, un progrès qui ne peut passer inaperçu. Déjà, depuis deux années, l'Autriche avait employé au passage du Sömmering des rails mixtes de ce genre. Sur la hauteur du paquet de 0^m263 est une couverte en acier de 0^m043 d'épaisseur au milieu, et de 0^m078 sur les bords enfermant la seconde mise qui, comme les mises inférieures, est en fer ordinaire. La proportion de l'acier est ainsi de plus du sixième sur l'ensemble, et sa forme l'empêche de tourner sous l'action du laminoir. Le champignon se trouve ainsi presque entièrement composé d'acier, et le corps du rail est soudé et enfermé dans l'acier à l'intérieur du champignon. Le succès de ce rail mixte en a amené l'emploi sur les 124 kilomètres de la traversée du Brenner.

Treize établissements ont présenté des rails mixtes de ce genre à l'Exposition. Pour la France, Boigues-Rambourg et Cie, Terrenoire, Maubeuge, Verdié, Martin ; pour la Prusse : Hœrde, Rothe Erde, Phénix ; pour l'Autriche : Reschitza, Zelsivay, Styrie, chemin de fer du Sud ; pour l'Angleterre, J. Dixon. On ne peut méconnaître l'importance de tant d'efforts, et, à juger par la mesure prise par l'Autriche, à voir les échantillons exposés, il semble que le soudage de l'acier sur le fer ait réussi. Cela ne peut être cependant qu'une conjecture. La soudure parfaite n'est possible qu'à la température qui convient à chaque état du métal, et le changement d'état du fer, qui résulte d'une simple manutention, suffit pour la modifier profondément. De là, dans le corroyage ordinaire, la difficulté de bien souder entre eux le fer n° 1 et le fer n° 2, produits avec les mêmes minerais et par les mêmes procédés. La soudure de l'acier sur le fer sera donc, si on l'obtient aussi couramment que l'Exposition semble l'indiquer, un des progrès les plus intéressants qu'elle aura mis en saillie. Il faut encore attendre les résultats de l'expérience sur des applications plus nombreuses et plus étendues, et surtout avec d'autres variétés de fer et d'acier.

Bien que la fabrication des rails en fer ordinaire se soit beaucoup améliorée, et que la régularité de la qualité ait fait les progrès les plus sensibles, leur prix a diminué. Le progrès technique dans la fabrication a sans doute une part dans cet abaissement successif des prix, mais une part plus forte est due aux causes suivantes : 1° la réduction des frais de transport sur les canaux, par suite des améliorations qui leur ont été apportées et de la diminution des droits de navigation ; 2° la part prise dans les transports à bas prix du minerai, du charbon minéral et de la fonte, par les chemins de fer ; 3° la concentration de la fabrication dans un plus petit nombre d'usines ; 4° le placement dans l'industrie du fer d'un capital nouveau qui, permettant l'accroissement de l'outillage et des moyens de production, a sauvé nos grands établissements dans la lutte qui s'est produite entre eux et les fabricants étrangers.

Maintenant, et quoique les causes que nous venons d'indiquer continuent lentement leur action salutaire, les fabricants portent une attention plus intense sur les procédés techniques. L'Exposition démontre ce mouvement. La science est sondée avec ardeur : chacun expose les résultats obtenus et les procédés de fabrication, beaucoup plus au point de vue de la qualité appliquée aux produits les plus usuels qu'aux emplois restreints. On se contente à peine, pour les rails, de l'acier qu'on employait autrefois en burins et en ressorts. Il est donc certain qu'il s'est opéré une révolution dans la fabrication des rails. La fonte ne sera plus la même ; la fusion prétend remplacer à la fois le puddlage et le corroyage. Le martelage change de nature : il faut qu'il pénètre à cœur ; le laminage n'a plus d'autre rôle que de donner la forme définitive. Dans toutes ces opérations, la température à laquelle le travail s'accomplit s'élève de 50 pour 100.

Quinze établissements français ont exposé des rails. Dix produisent des rails en fer : Alais, Anzin, Denain, Boigues-Rambourg et Cie, Châtillon-Commentry, le Creusot, Bességes, de

Wendel, Terrenoire, Maubeuge ; six produisent des rails mixtes, fer et acier : Boigues-Rambourg et Cie, Terrenoire, Toutevoye, Maubeuge, Verdié, Sireuil ; cinq produisent des rails en acier Bessemer : Imphy-Saint-Seurin, Petin et Gaudet, Terrenoire, de Dietrich, Fraisans ; trois produisent des rails en acier fondu : Petin et Gaudet, Verdié, Sireuil.

Huit établissements belges exposent des rails en fer ordinaire ; un seul (Cockerill) fabrique des rails en acier Bessemer. Huit établissements prussiens exposent des rails : un en fer ordinaire ; trois en fer mixte acier, et fer ; deux en acier Bessemer, et deux en acier fondu. Quatre établissements autrichiens exposent : deux des rails en fer ; deux des rails en fer et acier ; trois des rails en acier Bessemer ; un des rails en fer fondu. Quatre usines suédoises exposent des rails en fer. Sept exposants anglais exposent des rails en fer ; deux d'entre eux exposent des rails mixtes, fer et acier.

L'Autriche a posé, en 1866, 279 kilomètres de rails en acier puddlé, forme Vignole ; le patin a 0^m11 de largeur, le champignon 0^m057, la hauteur du rail est de 0^m12, l'épaisseur du corps 0^m013, le poids 30^k5. Un rail mixte (Vignole), dont le corps est en fer et le champignon en acier, est posé par l'Autriche sur les 124 kilomètres de la traversée du Brenner.

Nous avons expliqué cette fabrication. Le succès paraît assuré, puisque, depuis deux ans, pas un de ces mêmes rails posés au Sömmering n'a été retiré.

Un grand nombre d'établissements français réussissent dans cette fabrication.

Nous terminerons par l'indication des prix actuels des rails en fer, en acier puddlé, en acier fondu et en acier Bessemer.

	QUALITÉ DES RAILS.	PAYS.	USINES.	PRIX PAR TONNE.
Rails en fer.	Rail en fer ordinaire avec couverture en fer corroyé.	Belgique.	Blondiaux et Cie, Thy-le-Château	160 fr.
	— — — ...	France.	De Wendel, rendu à Maubeuge	182 fr. 50
	— — — ...	Angleterre.	Pays de Galles (sous vergue)	150 fr.
	— — — ...	Prusse.	Société des mines d'Aix-la-Chapelle	202,50-225 fr.
	— — — ...	Autriche.	Cie des Chemins du Sud d'Autriche, usine de Gratz.	189 fr. 60
	— la tête en fer à fins grains	Prusse.	Société des usines d'Aix-la-Chapelle	232,50-270 fr.
	— — —	Autriche.	Cie des Chemins du Sud d'Autriche, usine de Gratz.	192 fr.
Rails en acier puddlé	— la tête en acier puddlé	Prusse.	Société des usines d'Aix-la-Chapelle	232,50-270 fr.
	Rail en acier puddlé	Autriche.	Usine Dickmann, Prévalé (Styrie)	320 fr.
Rails en acier fondu.	Rail en acier fondu au creuset.	Prusse.	Aciérie Krupp Essen (Westphalie)	400 fr.
	—	Id.	Chemins de fer de la Basse-Silésie	517 fr. 50
		France	1859. } Petin et Gaudet, Verdié, Saint-Seurin-Imphy. 1860 1861. 1863.	931 et 935 fr. 900 895 fr. 663, 740 et 850 fr. 500-730 fr.
	Rails Vignole ou à double champignon pour croisements.		1866. Émile Martin, Sireuil	345 fr.
			Id. Petin et Gaudet	340 fr.
		Angleterre.	.....	»
Rails en acier Bessemer et en acier atlas.	Rail en fer ordinaire, la tête en acier Bessemer	Autriche.	Cie des chemins du Sud de l'Autriche, usine de Gratz.	220 fr.
	—	Prusse.	Société des mines et usines de Hoerde (Westphalie).	375 fr.
	Rail en acier Bessemer	Autriche.	Usine Henkel-Donnersmark, à Zeltweg (Styrie)	304 fr.
	—	Id.	Cie des Chemins du Sud d'Autriche, usine de Gratz.	310 fr.
	—	Id.	Usine Rothschild-Wittkowitz (Moravie.)	360 fr.
	—	Prusse.	Usine de Bochüm (Westphalie)	400 fr.
	—	Id.	Société des mines et usines de Hoerdé (Westphalie).	412 fr. 50
	Rail en acier atlas à double champignon Vignole	Angleterre.	.....	370 fr.
	—	Id.	.....	400 fr.
	Rail Vignole à double champignon pour voie courante et pour croisements	France	1864. } Imphy, Terre-Noire, Verdié, Petin et Gaudet, Châtillon et Commentry, De Dietrich, Fraisans. 1865. 1866. 1867.	500-550 fr. 443-500 fr. 395-404 fr. 315-360 fr.

Composition de la voie. — Du rail et de ses qualités, passons à la composition de la voie.

La voie en rail Vignole, sur traverses en bois, gagne du terrain sur la voie en rails à double champignon. Elle a cependant contre elle l'inconvénient d'une moindre immersion de la traverse dans le ballast et d'une attache moins rigide du rail sur les traverses. On lui attribue, à coût égal, plus d'assiette sur le sol, un roulement plus doux, plus de facilité d'entretien, parce qu'elle est plus simple et composée de moins d'éléments. L'Allemagne l'emploie exclusivement ; la Compagnie d'Orléans continue à employer le rail à deux champignons sur les voies importantes, et le rail Vignole sur les lignes peu fréquentées. L'Angleterre et, en France, la Compagnie de l'Ouest et celle du Midi emploient exclusivement le rail à double champignon. Le Nord préfère la voie Vignole. A part un retour, peut-être expliqué par des circonstances locales, à la pose des rails sur dés en pierre, en Bavière, et les tentatives en faveur des voies exclusivement métalliques dont nous nous occuperons plus loin, on peut dire que, d'une manière générale, la lutte se concentre entre les deux voies et les deux formes de rails Vignole et le double champignon. Les autres, tels que le rail à pont, le rail Barlow, le rail ondulé ou à simple champignon ont disparu, ou ne se montrent plus que par le flux et le reflux éternels que l'esprit d'invention ramène incessamment, ayant trop souvent pour véhicule l'ignorance de ce que l'expérience a repoussé.

Une voie sur plateaux longitudinaux en bois, dont un spécimen est à l'essai en Espagne, est exposée par M. de Bergue. Elle a pour but l'emploi des bois sur de faibles dimensions. Cet avantage est atténué par la multiplicité des pièces et la complication du système.

Le poids du rail Vignole et à double champignon s'est constamment accru. Jusqu'à ce jour, cependant, le poids de **46** kilogrammes par mètre linéaire n'a été atteint que sur le chemin de fer du North-Western. La dimension des traverses s'accroît également, ainsi que leur nombre par rail. A 2^{m}75 de longueur et 0^{m}22 de largeur, posées à 0^{m}80 d'axe en axe, elles offrent à la voie une surface d'appui sur le ballast, par mètre linéaire, de 75 décimètres carrés. La Compagnie de Lyon porte cette surface à 90 décimètres carrés sous les voies principales.

L'amélioration des deux systèmes de voie se montre dans la perfection de l'éclissage. Le coussinet-éclisse a cédé la place aux éclisses prolongées jusque sur les traverses voisines du joint, laissant les extrémités du rail en porte-à-faux. On cherche à tirer parti de l'éclissage pour l'encastrement du rail, soit par l'éclisse à enveloppe, soit en donnant plus d'étendue et de régularité aux surfaces de contact des deux hanches de l'éclisse sur le rail. L'éclisse à patins chevillés à deux traverses arrête le glissement des rails. On essaie aussi des éclisses en acier. Ces perfectionnements se sont étendus aux deux systèmes de voie.

Dans la voie en rails à double champignon, l'attache à la traverse par le coussinet, le coin et la chevillette, s'est améliorée par la plus grande perfection des moyens de moulage ; mais les procédés par lesquels on avait espéré prolonger l'emploi des rails retournés, en les soutenant sous le champignon supérieur, n'ont pas répondu aux espérances qu'ils avaient fait naître, en 1852; ce système ôte au rail la résistance qu'il doit à l'encastrement. L'attache du rail Vignole aux traverses est l'objet de combinaisons ingénieuses sur lesquelles l'expérience semble se prononcer favorablement. Le procédé de M. Desbrières est en voie d'application sur près de 250 kilomètres de voie ; 564,000 bagues ont été commandées, 160,000 sont en service.

Traverses. — La traverse en chêne est de plus en plus préférée aux autres espèces de bois. Sa ténacité donne aux attaches par chevillettes ou crampons une grande solidité. Elle résiste au bourrage le plus énergique. Sa rigidité étend plus également la pression sur le ballast et donne, en conséquence, plus de stabilité à la voie. Enfin, sa durée est bien plus longue. Avec les traverses en bois d'essence blanche, l'attache du rail est beaucoup moins résistante, le bourrage détruit les angles inférieurs du bois. La préparation cède à l'action des eaux ; elles sont, en conséquence, moins durables et produisent des voies moins consistantes.

Les procédés d'injection du sulfate de cuivre par le vide et la pression de Légé, Fleury et Pyronnet et de Dorset et Blythe en France, ceux de Steimbert et Cie en Bavière, par immersion du sublimé corrosif, sont suivis parallèlement au procédé Boucherie, appliqué au hêtre. Mais l'oxydation rapide des chevilles dans les traverses injectées de sulfate de cuivre en réduit rapidement l'emploi ; après six années, ces traverses se sont montrées pourries sur tous les points où elles étaient en contact avec le métal, fonte ou fer. Le même phénomène ne se produit pas au même degré avec les traverses en pin maritime. La créosote est toujours très-employée en Angleterre, en Belgique et en Allemagne. Le chlorure de zinc injecté sous une très-haute pression a donné de bons résultats. Le flambage (procédé Lapparent) est employé par la Compagnie d'Orléans aux traverses en chêne à titre de préservation superficielle. Enfin, la galvanisation des chevilles et tire-fonds protége les attaches du rail dans les traverses injectées de matières qui provoquent l'oxydation du fer.

CHAPITRE II.

VOIES MÉTALLIQUES. — CHANGEMENTS ET CROISEMENTS DE VOIE.

Voies sur supports métalliques isolés. —Voies sur traverses métalliques. — Voies en rails servant de support ou sur supports métalliques longitudinaux.

Les recherches les plus étendues sur la durée générale des rails et des traverses ont été faites en Allemagne. On s'accorde à donner aux rails, en pays plat, une durée de dix à vingt-cinq ans, moyenne de seize ans. En France, les termes extrêmes sont plus distants. D'excellents rails sont altérés en trois années de service sur des lignes très-fatiguées. Les ingénieurs allemands attribuent huit à douze ans de durée aux rails en pays de montagne. Ils ont l'expérience du Sömmering. Quant aux traverses, ils donnent au chêne naturel quatorze à seize ans de durée; au chêne préparé, vingt à vingt-cinq ans; au sapin préparé, douze à quatorze ans; au pin et au hêtre préparés, neuf à dix ans. Ces moyennes n'ont qu'une valeur approximative, et, par conséquent, une faible influence sur le parti à prendre pour la composition de la voie. L'ingénieur se guide d'après les ressources que les forêts et les usines mettent à sa portée. Mais ce qui appelle d'urgence l'attention, c'est que le défaut d'une voie ne se montre pas instantanément par l'altération des matériaux qui la composent. Cette altération n'est pas simultanée pour ses divers éléments : elle est progressive, et la conséquence, qui est la mobilité de la voie, se montre dès que commence la période d'altération soit du rail, soit de la traverse indistinctement. A partir de ce moment, l'action réciproque des causes de mobilité donne au mal une marche de plus en plus rapide. De là l'impossibilité d'aller, pour chacun des éléments de la voie, jusqu'à la limite d'altération et d'usage. Il faut alors procéder par voie de renouvellements complets dans lesquels aucun des anciens matériaux ne peut trouver emploi. Cela explique les efforts que font les ingénieurs pour obtenir une voie homogène dans sa composition et sa durée, c'est-à-dire dont les éléments soient inaltérables dans certaines parties, telles que celle qui constitue la base d'appui sur le sol, afin que celles-ci puissent recevoir indéfiniment les rails, dont l'usure ne peut être évitée absolument. Cette voie toujours homogène, toujours rigide, gardera ces deux conditions : un rail vieux exigera son remplacement par un rail neuf, sans que le mal s'étende au delà. La seule cause de perturbation dans la marche des trains sera l'usure de la table de roulement du rail, et cet inconvénient est au moins sans danger. Tel est le but des ingénieurs qui étudient cette question. Il faut donc en suivre les progrès avec l'attention que méritent les premiers spécimens de traverses métalliques apportés à l'Exposition de 1867.

A côté des circonstances qui encouragent les applications des traverses métalliques, il faut reconnaître que la cherté du fer d'un côté, de l'autre l'obligation d'étendre les surfaces d'appui de la voie, à mesure que le matériel roulant s'alourdit, l'intérêt d'enraciner aussi profondément que possible la base des traverses dans le ballast, sont des obstacles qui ont, jusqu'à ce jour, laissé le caractère de simples essais aux tentatives de substituer les traverses métalliques aux traverses en bois.

Il en est des traverses métalliques comme des rails en acier. Le prix est un élément de premier ordre. On recule à charger le présent d'une forte dépense, dans l'intérêt d'une durée qui, pour être plus longue, est cependant indéterminée ; et, s'il se joint à cette objection quelques autres éléments d'incertitude, on préfère attendre. Mais, en attendant, les essais se multiplient, l'invention se perfectionne, et l'expérience dégage peu à peu les bonnes solutions. C'est pour cela que les spécimens de voie métallique exposés, et qui subissent en ce moment des essais assez étendus, sont intéressants à connaître.

Ils se partagent en trois classes : 1° les voies métalliques à supports isolés ; 2° les voies à traverses métalliques ; 3° les voies à supports métalliques longitudinaux.

Voies sur supports métalliques isolés.—L'Angleterre expose une voie à plateaux cellulaires isolés, dans le principe des cloches de Greaves employées à Suez, et en partie dans l'Inde, mais mieux entretoisées. Ce système va être essayé sur le *Metropolitan Railway*, à Londres. Elle en expose un autre du même système, mais à plateaux (Griffin).

Voies sur traverses métalliques. —La traverse belge (Marinelle Couillet), consistant dans un fer de forme double T, fort large, posé horizontalement, auquel sont attachés deux blocs de bois qui portent, soit le rail Vignole, soit le coussinet du rail à double champignon, est la plus simple et paraît la plus solide de toutes. Elle résiste depuis cinq ans, mais sur une partie de voie peu fatiguée. Elle manque d'arrêt de ripage et, à surface d'appui égale, son poids est considérable. La traverse française de Fraisans, système Vautherin, est essayée sur les chemins de fer de Lyon, du Nord et de l'Est avec un succès fort encourageant. La Compagnie de Lyon en a distribué 9,000 sur ses lignes et en a commandé 20,000 pour les chemins algériens. La Compagnie du Nord en a réparti 5,000 sur divers points de son réseau, et elle en a commandé 6,000 de plus. La Compagnie de l'Est fait aussi des essais. L'importance de ces commandes indique assez l'intérêt qui s'attache à ce système de traverses métalliques. Sa largeur, 0^m26, et sa longueur, 2^m40, lui donnent une surface d'appui supérieure à celle des traverses en bois, de 0^m22 sur 2^m75. La rigidité peut être égale ou supérieure, c'est une question de forme et d'épaisseur de métal ; jusqu'à présent, elle est restée plus faible, faute d'épaisseur. La traverse peut être plus enracinée dans le sol.

La traverse métallique de Lyon, employée dans la voie ordinaire, a 2^m40 de longueur. Le poids moyen est de 35^k036, poids auquel l'attache du rail ajoute 4^k623.

Les rails Vignole et leurs éclisses ajoutent à ce poids 74^k165 dans lequel les deux rails entrent pour 72 kilogrammes. Le poids total du métal est donc, par mètre de voie, de 113^k824.

La voie nouvelle de la grande ligne à rails en acier Bessemer ayant une traverse en plus et des rails de 40 kilogrammes, portera le poids total en fer, par mètre courant, à 127^k775.

Il est inutile de faire ressortir l'importance de ces chiffres pour notre fabrication métallurgique.

Le nombre des traverses en bois, sous les voies, est actuellement de 25 millions ; leur prix varie entre 3 et 6 francs. C'est donc une valeur moyenne de 113 millions de francs, dont le renouvellement s'effectue en dix ans. Au prix de 180 francs la tonne de fer, les traverses métalliques coûteraient 180 millions; mais l'annuité du renouvellement serait beaucoup moindre de 11 millions, et, l'altération du fer étant presque nulle, la voie garderait toute sa rigidité. Les traverses altérées pourraient être refaçonnées comme les vieux rails. Ces divers avantages font désirer que les essais soient étendus aux lignes les plus chargées de trafic, afin d'abréger la période d'expérience.

La difficulté de l'attache des rails, sur les traverses métalliques, semble évitée par le procédé adopté en dernier lieu par la Compagnie de Lyon. La forme creuse de la traverse, qui en déterminerait l'écrasement, si elle n'était pas solidement bourrée de ballast à l'intérieur préalablement au passage des machines, est un inconvénient qui disparaîtra lorsque le prix du fer permettra d'augmenter l'épaisseur du métal.

Les traverses en bois ont encore l'avantage de faire précéder par une voie posée sur le sol la première couche de ballast, et de servir ainsi au transport de celui-ci. Un autre type de traverse métallique (Langlois) est essayé, sur une faible longueur, sur une ligne française.

La Belgique expose, outre la traverse Couillet, deux autres types essayés (Fraisans, Vautherin, déjà cités) et le type Legrand et Salkin, qui présente un système d'attache très-simple des rails sur les traverses, et dont une commande importante vient d'être faite par la Compagnie du Nord (France). L'Autriche expose un seul type de traverses métalliques (Steinmann), qui n'a pas encore été essayé. Mais elle commence l'essai du système Kostlin et Battig, à supports longitudinaux, qui est exposé par le Wurtemberg et dont il sera question plus loin. Le Portugal a en essai depuis sept ans une voie à traverses métalliques (Lecrenier), dont le spécimen est exposé, et qui est l'analogue, sous beaucoup de rapports, de la traverse de Lyon (Fraisans). Les essais se poursuivent depuis 1858.

Voies en rails servant de support ou sur supports métalliques longitudinaux. — La voie métallique composée par M. Hartwich, ingénieur en chef des chemins rhénans, est essayée depuis plusieurs années en Prusse sur 660 mètres de longueur, et elle attire beaucoup l'attention en Allemagne. Elle se compose de deux rails, forme Vignole, retenus transversalement par deux entretoises en fer. On la pose en ce moment sur 19 kilomètres (ligne de Kempen à Kalden-Kirchen) suivant le type exposé :

Longueur du rail..	7ᵐ550
Hauteur —	0ᵐ230
Longueur du champignon................................	0ᵐ059
Épaisseur du corps....................................	0ᵐ011
Largeur du patin......................................	0ᵐ124
Distance des rangs d'entretoise.......................	1ᵐ380
Poids du rail...	40ᵏ412
Prix du rail par tonne...............................	277ᶠ500
Prix de la voie par mètre............................	32ᶠ700

La base du rail est d'environ la moitié de sa hauteur. (Dans le rail de la Compagnie de Lyon, ces deux dimensions sont égales.) Le patin est directement appuyé sur un sol formé en ballast de roche opposant une grande résistance. On compte sur la rigidité due à la grande hauteur du rail pour transmettre au loin la pression et la répartir ; cet effet se produira sans doute, mais dans une faible limite, sous le poids entier d'une machine. Il est plus prudent de ne lui faire aucune part et de ne considérer que la surface immédiatement comprimée. La base d'appui de la voie est, dans ce système, de 25 décimètres carrés par mètre de longueur. Comparée à la base d'appui de la voie ordinaire dont les traverses, posées à 0ᵐ80 de distance, ayant 0ᵐ22 de largeur sur 2ᵐ70 de longueur, et présentant ainsi sur le sol une surface de 75 décimètres carrés par mètre courant, la voie métallique de M. Hartwich n'en offre que le tiers : c'est pour ce motif que du ballast en roche est placé sous les rails dans deux fossés longitudinaux. Il y a là sans doute un élément de résistance. Sera-t-elle suffisante? Sous un poids de 6,000 kilogrammes par roue motrice, la pression par chaque centimètre carré est de 4^k80, ce qui est supérieur à la charge répartie sur le sol, dans les fondations ordinaires des édifices. Sous le même poids et dans la voie ordinaire, la pression sur le sol n'est que de 1^k60 par centimètre carré. Les voies sur longrines, qui reposent sur ballast ordinaire et n'ont qu'une largeur de 0^m30, éprouvent, sous un poids de 6,000 kilogrammes, une pression équivalente à 2 kilogrammes par centimètre carré, et elles ont toujours été moins stables que les voies sur traverses, qui offrent habituellement l'équivalent de 37 décimètres carrés par mètre linéaire de rail.

L'expérience en grand devra donc prononcer sur les incertitudes que laisse ce système sur l'efficacité de sa fondation même, sur les moyens d'écoulement des eaux, sur la fréquence du bourrage résultant du tassement, sur le défaut d'élasticité de la voie et le relâchement des rivets des assemblages, la rupture ou la flexion des entretoises en cas de déraillement, etc. En Allemagne, trois voies métalliques à supports longitudinaux ont été posées, en 1864, sur une longueur de 900 mètres chacune et sur une ligne fréquentée. Elles présentent divers modes d'assemblage d'une tête de rails à des ailes ou à des fers d'angle, composant une assiette horizontale ou trapézoïdale, et formant ainsi une longrine composée de trois éléments. Ce système est identique à celui qui a été inventé, il y a plusieurs années, par M. Charles Bergeron, ingénieur à Lauzanne ; c'est le principe du rail Barlow, mais un rail composé, ayant plus de surface d'appui et plus de pénétration dans le ballast.

Ces voies ont cela de particulier que la rivure du rail sur les ailettes ou sur les fers d'angle est continue et que les joints des trois pièces sont croisés. Elles pèsent par mètre courant 148, 150 et 177 kilogrammes. Elles sont entretoisées à deux mètres de distance. L'essai a, dit-on, réussi. Elles ont été construites aux usines de Hoerde (Westphalie), sur les dessins de M. Schoeffler, pour le chemin du Brunswick et pour la ligne de Cologne à Minden (Hanovre).

Il convient de rappeler que, dans l'emploi qui a été fait du rail Barlow sur plusieurs centaines de kilomètres au chemin de fer du Midi, l'une des causes les plus sérieuses d'entretien était le relâchement des rivures des rails aux joints sur les selles, ainsi que le défaut de surface d'appui. Cet échec est redoutable pour les voies analogues à la précédente. La voie métallique essayée dans le Wurtemberg sur 2^k5, par MM. Kostlin et Battig, et qui va l'être en Autriche, est encore un emprunt au système proposé depuis plusieurs années par M. Bergeron.

Les essais de voie métallique sur le modèle de la voie actuelle, c'est-à-dire en substituant la traverse en fer à la traverse en bois, indiquent une tendance plus marquée vers ce système que vers celui où les rails eux-mêmes forment deux longrines entretoisées entre elles. En France, en Belgique et en Portugal, on semble préférer le premier système, tandis que la Prusse, le Brunswick, le Hanovre et le Wurtemberg essayent de préférence le second. Les ingénieurs anglais qui ont posé la voie du chemin de fer de Suez à Alexandrie sur des supports métalliques isolés, rattachés par des entretoises, continuent à en placer dans quelques lignes des Indes. L'Autriche, où les bois sont abondants et à bas prix, entre à peine dans la voie des essais des voies métalliques.

En général, le prix du fer force à réduire les dimensions et, par suite, les surfaces d'appui sur le sol; et, pour cette raison, si la voie métallique en elle-même est rigide par la composition et l'assemblage des éléments qui la constituent, elle manque généralement d'assiette et de racine dans le ballast. L'abaissement du prix du fer résoudra ce dernier obstacle à la réalisation des avantages de tout genre que le métal peut offrir pour un pareil usage.

Changements et croisements de voies. — Le progrès qui s'est produit depuis 1862 dans ces appareils est manifeste ; il a suivi ceux de la métallurgie du fer. Les changements de voie sont fabriqués en fer Bessemer, en France et à l'étranger, par les usines que nous avons désignées. Il importait qu'ils offrissent une sécurité complète. Rien n'a donc été épargné pour obtenir une qualité exceptionnelle. La France, l'Allemagne et l'Angleterre ont rivalisé sous ce rapport, et c'est la fabrication des rails pour la composition des changements de voies qui a été le prélude de celle des rails pour voie courante.

Pour les croisements de voies le progrès a été plus radical encore ; l'Exposition en offre dix-sept spécimens remarquables, savoir : sept en fonte durcie (Boigues-Rambourg et Cie, Audincourt, France ; Veher fils, Suisse ; Königsbrunn, Wurtemberg ; Ganz-Bude, Autriche ; fonderie d'Utrecht, Pays-Bas ; Buchan, Westphalie) ; six en acier fondu (Coutant, Petin et Gaudet, Sireuil, Saint-Seurin-Imphy, France ; Bowling, Angleterre ; Bochum, Westphalie ; Dölhen, Saxe) ; cinq en acier Bessemer (Compagnie de l'Est [la pointe fixe est en fer forgé cémenté et trempé], Boigues–Rambourg et Cie, de Dietrich, France ; Vander Elst, Belgique ; Hoerde, Westphalie, chemin de fer du Sud, Autriche) ; un en acier puddlé (Compagnie de Lyon, France) ; un en fer cémenté (Leseigneur, France).

Parmi ces divers modes de fabrication, le choix entre les qualités est basé sur le degré de fréquentation du chemin. Il est peu de spécimens plus remarquables, à l'Exposition, des progrès de la métallurgie que ceux des croisements de voie.